对你说的话

《顿悟时刻》是一本正视自我的启示录，把人生中最具有力量感的六个时刻，从日常平淡的生活中提炼出来，再打动我们一次！

人常常是看似不断向前，其实仍然在原地徘徊游移。
愿我们在各自的人生中经历相似却迥然不同的"顿悟时刻"，
觉察自我的发展，扩张自我的境界。

"当周围的一切都变得如晴朗的星光之夜一般寂静、庄严，当灵魂在这个世界上变得孤独，那时在一个人前面出现的就是永恒的力量本身，这一刻我选择了自己，或者更准确地说，是接受了自己。"

顿悟时刻

这是一个多数"后浪"已经认清拍不死"前浪"的时代，每个人的生活日益同质化，没有被生活打动的人，日常只剩无聊、躁动。

鲍利斯·列奥尼多维奇·帕斯捷尔纳克（苏联作家、诗人、翻译家）

人不是活一辈子，不是活几年几月几天，而是活那么几个瞬间。

——1957 年，发表《日瓦戈医生》，并获得 1958 年诺贝尔文学奖

奥斯卡·王尔德

生活本身就如同一个瞬间。

——《道林·格雷的画像》

莎士比亚

别在树下徘徊，别在雨中沉思，别在黑暗中落泪。
向前看，不要回头。

——《暴风雨》

加夫列尔·加西亚·马尔克斯

生命中真正重要的不是你遭遇了什么，
而是你记住了哪些事，又是如何铭记的。

——《百年孤独》

村上春树

"可是我还没弄明白活着的意义。"我说。
"看画，"他说，"听风的声音。"

——《海边的卡夫卡》

Seven times I have despised my soul

我曾七次鄙视自己的灵魂

卡里·纪伯伦 Kahlil Gibran

The first time when I saw her being meek that she might attain height.
第一次，当它本可进取时，却故作谦卑；

The second time when I saw her limping before the crippled.
第二次，当它在空虚时，用爱欲来填充；

The third time when she was given to choose between the hard and the easy, and she chose the easy.
第三次，在困难和容易之间，它选择了容易；

The fourth time when she committed a wrong, and comforted herself that others also commit wrong.
第四次，它犯了错，却借由别人也会犯错来宽慰自己；

The fifth time when she forbore for weakness, and attributed her patience to strength.
第五次，它容忍了软弱，却把它的忍受称作坚强；

The sixth time when she despised the ugliness of a face, and knew not that it was one of her own masks.
第六次，当它鄙夷一张丑恶的嘴脸时，却不知那正是自己面具中的一副；

And the seventh time when she sang a song of praise, and deemed it a virtue.
第七次，它侧身于生活的污泥中，虽不甘心，却又畏首畏尾。

你好亲爱的，
欢迎来到
属于你的顿悟时刻

IN VIVO
A PHENOMENOLOGY OF
LIFE-DEFINING MOMENTS

人生就是长久的迷茫和瞬间的顿悟

Question

& Answer

瞻前顾后 / 游移 / 决心不定

后悔 / 随波逐流

迷失前行的目标

孤独 / 一人面对

审美和听觉的共鸣

每个人心中都藏着暮色和晨曦

什么是
顿悟时刻呢？

人的漫长一生还存在着极大的惯性，因此我们可以在长久的迷茫中平静地生活，却必然有一个独特的时刻，我们丰富地感受到内心深处真诚和纯粹的能量，突破思虑动机与权衡得失的理性维度，清晰地意识到生命中塑造自我的可能性就在此时到来了。这种舒展自我、更新自我的转变时刻，往往是我们生命中决定性的顿悟时刻。

你的顿悟时刻正等待着与你相遇

每一个人都会经历顿悟时刻吗？

是的，所有人都会经历顿悟时刻，这种内心充满了力量感而坦然平静的时刻，我们的一生会经历很多次。可能是我们在面对波澜壮阔的大海时内心掀起了巨大的勇气；可能是我们在异国他乡的际遇中释怀了曾经的伤痛；可能是我们在听巴赫《哥德堡变奏曲》时获得的共鸣。本书作者加博·塞普雷吉坦言是在大学时期经历了他的顿悟时刻。

顿悟时刻对我而言意味着什么？

意味着你会经历深度的自我觉察，直面超越自我的可能性，极大地感受自己内在的能量。作者加博·塞普雷吉认为书中六个顿悟时刻能给我们超乎寻常的满足感，并使我们不断扩张新的境界。世界是瞬息万变的，我们却一定要来到只有自己一人的时刻，倾听内心真实的声音在怎样引导你的人生。

书中的顿悟时刻是指哪些？

能影响或改变生命轨迹的那一刻是划过心幕的一道光，作者加博·塞普雷吉提炼了六个我们曾经历过的或未来要经历的顿悟时刻。当一个人为自己的人生做出决定时，或摆脱随波逐流的惯性生活时，或立志追随毕生的榜样时，或只身一人在他乡异国时，或听一曲优美的旋律被震撼触动时，或坚定地用行为贯彻心中道德准则时，都会使我们从生命的曲折昏暗中抽离，看到另一个更明亮的世界。

顿悟后，一个人会受到怎样的影响？

从心理学上讲，生命的根本需求是渴望被看见。我们每一次直面自己的意志而怦然心动时，都在进入深刻的自我觉察。看清自己真正向往的、充满热情的是什么，便会在人生长久的迷茫后得到瞬间的顿悟，找回自我掌控的力量感和目标感，坦然地贯彻自我的意志，更坚定要走的方向，也更坚定地塑造理想中的自己——愿我们更在乎内心由真诚自发的答案。

顿悟时刻

［加］加博·塞普雷吉/著

郑露荣/译

中国水利水电出版社
www.waterpub.com.cn

·北京·

内 容 提 要

人生就是长久的迷茫和瞬间的顿悟：当一个人为自己的人生做出决定时，或摆脱随波逐流的惯性生活时，立志追随毕生的榜样时，或只身一人在他乡异国时，或听一曲优美的旋律被震撼触动时，或坚定地用行为贯彻心中道德准则时，都会使我们从生命的曲折昏暗中抽离，看到另一个更明亮的世界。

北京市版权局著作权合同登记号：01-2020-4254

图书在版编目（CIP）数据

顿悟时刻 ／（加）加博·塞普雷吉著；郑露荣译
. -- 北京：中国水利水电出版社，2020.8（2020.11 重印）
书名原文：In Vivo-A Phenomenology of Life-Defining Moments
ISBN 978-7-5170-8749-6

Ⅰ. ①顿… Ⅱ. ①加… ②郑… Ⅲ. ①人生哲学 Ⅳ. ①B821

中国版本图书馆CIP数据核字(2020)第146393号

In Vivo: A Phenomenology of Life-Defining Moments by Gabor Csepregi
© McGill-Queens University Press 2019
The simplified Chinese translation rights arranged through Rightol Media
（本书中文简体版权经由锐拓传媒取得 Email:copyright@rightol.com）

书　　名	顿悟时刻 DUNWU SHIKE
作　　者	〔加〕加博·塞普雷吉　著　郑露荣　译
出版发行	中国水利水电出版社 （北京市海淀区玉渊潭南路1号D座　100038） 网址：www.waterpub.com.cn E-mail：sales@waterpub.com.cn 电话：（010）68367658（营销中心）
经　　售	北京科水图书销售中心（零售） 电话：（010）88383994、63202643、68545874 全国各地新华书店和相关出版物销售网点
排　　版	北京水利万物传媒有限公司
印　　刷	朗翔印刷（天津）有限公司
规　　格	880mm×1230mm　32开本　8印张　130千字
版　　次	2020年8月第1版　2020年11月第2次印刷
定　　价	49.80元

献给埃娃（Éva）

目录
Contents

第一章 ／ 为自己做出决定之时，此生由我主宰

克尔凯郭尔告诉我们，这一刻对一个人的影响既重要、又难忘、且崇高："当一个人周围的一切都变得如晴朗的星光之夜一般寂静、庄严，当灵魂在这个世界上变得孤独，那时在一个人面前出现的就是永恒的力量本身，这一刻我选择了自己，或者更准确地说，是接受了自己。"

舍勒把客观时间和人类时间区分开来。客观时间是一维的，它就像一条河，只向前流。在客观时间流中，过去是不可能改变的。但在人类时间的每一刻，整个生命都在当下，我们总是处于改变其意义和价值的过程中。

第二章 /
摆脱惯性的生活，
成为自己命运的工匠

但是当有人问我们为什么会憧憬一个人，为什么愿意以这个人为榜样时，也许我们无法说清楚这种仰望且敬慕的原因。我们被一个人吸引，可能不是出于清晰的感知，而是因为对一种生命形式的整体价值的美好感觉。

第三章 /
追随毕生的榜样，
精神的灯塔照亮前路

第四章 / 异乡人在异乡，用灵魂去感受人间烟火

　　我们需要"用另一双眼睛"看事物，来触发、强化一种陌生感。因为我们变得太容易习惯自己熟悉的世界，因此失去了感知其丰富性和完整性的能力。在异国他乡经历孤独和失落时，我们会看清陌生事物的一切细节。它让我们感受到现实的刺痛感。

第五章 / 此曲只应天上有，唤醒耳朵的旋律让灵魂颤抖

　　当我们被优美的音乐深深打动时，这种全神贯注的自我超越与音乐融为一体。我们的思想和感受与它产生共鸣，灵魂在听觉艺术的沉迷中获得真正的乐趣和满足。

我们偶尔见证的高尚行为总能激励我们，并给我们希望，尽管世上有这么多丑恶，我们还是会相信每个人的内心深处都有行善的潜意识，帮助我们清楚地看到是什么让生命变得有价值。

第六章 ／ 深邃的星空和道德的律法，唤起惊奇和敬畏

致谢
Thanks

在此，我衷心感谢各位学者和朋友对我的无私帮助：感谢保罗·D.莫里斯（Paul D. Morris）对本书终稿给予的不懈支持和宝贵建议；感谢罗德尼·A.克利夫顿（Rodney A. Clifton）在阅读初稿后发表的有益评论；感谢艾伦·沃克（Alan Walker）关于音乐主题的启发性建议；感谢巴勃罗·乌班尼（Pablo Urbanyi）关于文学艺术的宝贵建议；感谢托马斯·德科宁克（Thomas De Koninck）、让－弗朗索瓦·德雷蒙（Jean-François de Raymond）、弗朗克·奇尼耶·里布隆（Franck Chignier-Riboulon）、伊夫·布沙德（Yves Bouchard）和已故的格德·海夫纳（Gerd Haeffner），在我创作本书的各个章节时给予的持续鼓励。

我非常感谢麦吉尔皇后大学出版社的卡迪娅·科克森（Khadija Coxon）在我提交选题、修订和准备出版此书的过程中给予的细心帮助和持续支持。

引言
Preface

任何生命，无论多么漫长和复杂，实际上都是由一个特定时刻组成的——一个人永远了解自己的时刻。

——豪尔赫·路易斯·博尔赫斯（Jorge Luis Borges）

时间是人类生活的内在因素，它包含了我们生命中每一次短暂的经历。我们处于一个成长的状态中，从一个时刻到另一个时刻，从一个经历到另一个经历，从一个人生阶段到另一个人生阶段。在不同的时期，我们的个人成长速度可能加快或减慢；有时我们会觉得它停滞不前；在随后的一段时间里便生活在永恒的当下。已经逝去的时间是不均匀的；我们根据某段时间内发生的个人经历的重要程度来感知时间的长短。正如吟游诗人所说，"时间流逝的步伐因人而异"。① 当我们在进行一场精彩的谈话时，一个小时很快就过去了，回想起来，似乎又充实又漫长。另一方面，如果我们在听一场无聊的演讲，同样的60分钟会过得慢到令人痛苦，后来我们回忆起这段时间会觉得空虚又短暂。我们对时间的体验是有一定品质的：有益或压抑，美好或艰难，成长或消逝，成熟或衰退，吉利或不吉利。

我们的一些活动必须在某个有利的时刻完成，这一时刻可以看作

---

① 威廉·莎士比亚，《皆大欢喜》（*As You Like It*）。

过去一系列经历和事件的结果。我们只能耐心地等待它的到来。然后，我们将时间视为可支配的特殊时刻的来去：我们可以抓住时间，也可以任其流逝；可以好好利用时间，也可以浪费时间。每个时间片段在质的差异部分取决于我们生活中的经历、事件和活动的循环回报。自然的循环过程不仅产生于我们的身体、物质和文化环境，也产生于我们社会交往的节奏和个人成就的特点。①

　　我们生命的时间性是由不同的时间片段构成的，是由不断变化的经历和行为背景构成的。这条轨迹的每一个部分都给我们带来了独特的时间体验：我们都知道，童年时期时间之轮转动的速度不同于生命中其他时期。孩子的出生，婚姻，事业的开始，重病，退休，或亲人的去世——所有这些生活经历改变了我们的生活环境，改变了我们与过去、现在和未来的关系。当我们试图充分利用每一个生命片段所提供的可能性时，就对这些经历有了一定的控制力。青年、中年和老年都提供了独特的、失不再来的机会，而生活的艺术在于在机会永远消失之前抓住它们。重要的历史事件影响了许多人的生活——带来战争或和平，繁荣或衰退，紧张或安逸，进步或衰退——也影响了我们个人成长的时间段的质量。

　　罗马诺·瓜尔迪尼（Romano Guardini）对人类生命各个阶段的教育意义和伦理意义提出了中肯的意见；每一个阶段都表达了一种基

---

① 黑夫纳，《哲学人类学》（*Philosophische Anthropologie*）。

本的存在方式。这些阶段——童年、青春期、成年期、成熟期、老年——都有各自的特点，都符合人类生活的整体性，并从整体性中获得各自的意义。尽管我们愿意相信并告诉自己，我们的整个人生就像一个可靠的时钟一样，都遵循着一个有规律和可预测的过程。但我们从一个阶段过渡到另一个阶段要经历各个程度不一的危机时期，并不总是一帆风顺的：青春期的危机、意识到自我局限性的危机，以及独立的危机。这些转变的发生或缓慢或迅速、或渐进或突然，可能会在特定的文化群落中，受到方式各样的过渡时期的影响。①

在人类成长、成熟、最终走向衰亡的道路上，存在许多关键的经历，它们是人类生命的一部分，并在其中发挥着重要的作用。虽然我们人类的主要维度——语言、社会、历史、肉体存在、意识——都是持久的特征，但这些都是暂时性的。而对独特的自然环境——北极地区、亚马孙丛林、戈壁沙漠或安第斯山脉——我们出色的环境适应能力是人类生命的核心和持久特征之一。适应过程的结果可能是态度、行为、观点和目的的改变，也可能是环境的渐变。这反过来又引发了其他变化。这惊人的自发性和出乎意料的交锋，或许能更好地对各种

---

① 瓜尔迪尼的 *Die Lebensalter,* 莎士比亚在《皆大欢喜》中对人生各阶段的描写已经家喻户晓。我斗胆说这是一种精辟而幽默的还原论模式，可以说是对所有关于人类的"不过如此"观点的一种戏仿，恐怕我们今天对此都再熟悉不过了。读者可以在亚里士多德的《修辞学2》及亚瑟·叔本华的《附录和补遗》中的"生命的时段"（*The Ages of Life*）这一章中找到一个更为详细的将人类生命划分为各个时段的方法。

生活环境进行灵活、充分和必要的适应。这些时刻可能会给人的生命带来有益或令人不安的变化，还会带来一种充实感或忧郁感。

在这本书里，我挑出了许多人的六种重要经历：它们分别发生在做出决定的时刻、脱离现实的时刻、遇到人生楷模的时刻、沉浸在异国文化中的时刻、聆听震撼音乐的时刻，以及践行道德行为的时刻。我相信，对这些至高时刻的本质和意义的揭露，是人类哲学值得追求的目标之一。

读者可能会问我为什么要关注这六种决定性的经历。毕竟还有其他非凡的时刻也可能是重要的，也能给他们的生活带来欢乐或悲伤。[①] 我本可以审视失败、宽恕与和解的经验，成就的巅峰，特别是体育成就，洞察力突破意识的时刻，科学家或传记作家生命中的"顿悟时刻"，或是人们可能会称之为精神存在的体验。

---

① 德国历史学家约阿希姆·费斯特（Joachim Fest）在他的回忆录中列出了四种基本经历："首先是被一部完美的音乐作品征服；其次是读一本好书；然后是初恋；最后是第一次不可弥补的损失。"弗拉基米尔·纳博科夫（Vladimir Nabokov）用优美的笔触描写了"爱情最初时刻的奇迹"。约翰·考柏·波伊斯（John Cowper Powys）回忆起那些奇异的例子，"我们在工作的过程中，获得了一种莫名其妙的幸福感，而这种幸福感似乎是无缘无故地产生的。"这些是"使生活变得有价值的时刻"。对T.S.艾略特来说，"诗歌的体验是一瞬间和一辈子的体验。这很像我们对他人的体验，但后者更为强烈。有一个最初的或是早期的时刻，独特而令人震惊和惊讶，甚至是令人恐惧；这个时刻永远不会被遗忘，但也永远不会被完整地重复；然而，如果不能在一个更大的整体经验中生存下去，它将变得毫无意义；而这种经验存在于一种更深和更平静的感觉中。"分别出自费斯特《不是我》；纳博科夫《说吧，记忆》；波伊斯《幸福的艺术》；艾略特《但丁》。

　　我本来也可以分析所有那些在发现危及生命的重疾之后，正常生活突然中断的人所经历的那一刻。他们周围的世界发生了深刻的变化：对一些人来说，周围的环境变得阴冷、陈腐；对另一些人来说，它变得多彩且温暖。许多人会重新评估自己的价值观和优先事项，并有一种迫切的冲动，想要去旅行或工作，或者决定只与所爱之人共度时光。对他们当前状况的了解，可以揭示他们的过去、性格、家庭或工作，以及他们琐碎或关键的经历。他们会记得健康的身体给他们的生活带来的所有欢乐。他们想通过忽视所有无关紧要的时事，趁在世时充分理解生命。也有患者知道自己时日不多，失去了所有治愈的希望，在接受疾病的同时，他们怀着一种"终极的希望"，希望能够达成模糊而无形的自我实现，以及一种并不指向任何有形之物的救赎的复兴。每年都有成千上万的人经历癌症的不可治愈所造成的创伤时刻。在这本书中，审视疾病的意义和即将到来的死亡所带来的威胁当然是恰当的。

　　尽管如此，在选择主题时，我想挑出那些使我们生活的各个层面更加丰富和充满活力的经历，这些经历为我们开辟了未来，提供了将生活引向新方向的机会。我想尽可能多地讨论生活中积极的一面，描述那些尽管最初会引起紧张和烦恼，但却能给我们带来满足感，并使我们不断地改变我们的世界或进入新世界的经历。我所讨论的主题也使我能够表达对教育中心问题的观察和想法，并突出那些在正统教育范围之外所接触到的事物的价值。可以肯定的是，当人类自由地对自己的未来做出决定及在当下做出行动时，他们必须依靠自己的理性。然而，我分析的这些瞬间清楚地表明，在他们与别人、自然环境和艺术作品建立有意义的联系以及做出大胆的、改变人生的行动方面，情感和自发性也发挥着核心作用。

不可否认，正如我前面所说，还有一些特殊的时刻也同样有助于人类生活的改善，我希望我的叙述将有助于补充、澄清，或许还能加深读者对自己愉快经历的感受。有一些高度个人化的幸福时刻，它们静静地存在着，很少引发外显的交流。罗杰·斯克鲁顿（Roger Scruton）认为，这些是启示的时刻，非常有意义，尽管我们遇到的意义无法用语言来描述。"这些时刻对我们来说是珍贵的。当它们出现的时候，就好像是在我们生命中曲折昏暗的楼梯上，突然遇到了一扇窗户，通过它我们看到了另一个更明亮的世界——一个属于我们但不能进入的世界。"

我分析的这些时刻包括与物或人的奇异邂逅，以及个人对某种存在或行动的反应。有些互动是有意为之，有些则出乎意料。在做决定时，我们面临着向我们逼近的各种可能性，它们迫使着我们做出选择。我们经常是在偶然之中发现模型和艺术品，它们会吸引我们回应其魅力。即使在很长一段时间里，我们曾设想摆脱熟悉的环境，但我们离开的决心和实际行动往往是由一个计划外的具体机会引发的。没有计划并不意味着没有为这些意料之外的经历做好准备。为了准备好迎接这些时刻，我们必须获得并保持某些能力和品质。如果我们或多或少为迎接它们做好了准备，也敞开我们自己去等待它们，那么一个人、一首美妙的歌曲或一种新的可能性都能抓紧我们的心。

大多数情况下，与外来事物或宏伟事物的邂逅会带来惊喜或震撼，并打乱我们稳定而持续的生活进程。作为焦点时刻，它们可能会赋予我们所有的任务新的方向和新的意义，从而促使我们摒弃人生道路现时展开的宿命论观点。我们的许多日常活动，像是购物和做饭，照顾孩子和家庭，工作，享受休息，寻求休闲和娱乐，帮助别人，等等，都需要整合到一个连贯的框架中，并根据生活中更广泛和更关键的原则来确定优先次序。从意外经历中获得的洞察力可以决定和塑造这个整体结构。

我在本书中提出的一个隐晦的论点可以简单地表述为：在每个人的生活中，都有转变和更新的可能性。在我们生活的各个层面——身体的、道德的、智力的和精神的——都是动态的存在，始终在移动中，本质上是在行进中，甚至面临着"流浪的必要性"（阿尔弗雷德·诺斯·怀特黑德 Alfred North Whitehead）。如果我们对一个人或一种不可预见的可能性的影响保持开放和接受的态度，那么即使是在人生旅途中看似微不足道的事情上，我们都可能会获得一种改变的动力。我在本书中审视的那些时刻可能会改变我们生活和工作的方向，使我们进一步受到可塑性和变革性经历的影响。从这个意义上说，我们可能会意识到，在这些经历的重大影响之下，我们会被诱导着塑造我们的命运，而不仅仅是充当外部力量的玩物。

尽管如此，我们也有可能削弱或拒绝这些决定性时刻的变革性影响。对有些人来说，依赖固有的习惯，遵守熟悉的惯例和义务要比探索未知的新事物，并从异乎寻常的经历、惊人的探索或冒险的事业中获益更容易。脱离常规，摆脱习俗、既定行为准则的重压，不再舒适地融入受到认可的社会角色中，可能会要求过高，使人精疲力竭。

亚瑟·克斯特勒（Arthur Koestler）认为人们生活在两个层面上：平凡的层面和悲剧的层面。大多数时候，他们都在平凡层面的平坦表面上行走。他们上学，找工作，结婚，抚养孩子，看着孩子成婚，退休，最终与世长辞。但是，在一些罕见的情况下，他们碰巧落入了悲剧层面的陷阱中。虽然他们经常带着被改变的生存观重新出现，但一旦回到日常工作中，他们更喜欢忽视和拒绝他们所尝过的、听到的和看到的东西。"我们城市文明中的普通人几乎一生都在平凡的层面上移动；只有在少数戏剧性的情况下——在青春期的风暴中，当他坠入爱河或面对死亡时——他才会突然从井口跌落，被转移到悲剧的层面。突然间，他日常生活的追求就显得肤浅、空洞；但一旦安全地回到平凡的层面上，他就会把曾经的经历视为神经过度紧张或青春期积郁的产物而不屑一顾。"[1]

想要了解一个人，无论此人是尚在还是故去，通过询问他的父母、伴侣和子女是可行的，了解他出生的日期和地点，了解他在哪里

---

[1] 克斯特勒《创造的艺术》（*The Act of Creation*）；也可参见其文《想象的真相》（*The Truth of Imagination*）。

学习和工作，了解他获得了什么样的成就和认可，就如同我们能在传记词典中找到的这种形式的信息。但是如果我们想要更熟悉这个人，洞察他的个性，最好是去了解他在生活中的关键时刻。例如，他在陌生环境中或面对做出决定的任务时的行为方式。正是考虑到这些时刻，我们才能弄明白在平凡层面之上和之外发生了什么。

但是，克斯特勒的观察不适用于所有民族和所有社会条件。由于自然灾害、持续不断的战争、迫害、流放、监禁、道德败坏、各种暴力行为，个人和集体都可能不可避免地在很长一段时间内陷入悲剧层面。他们所经历的逆境、恐惧、羞辱、饥饿、痛苦或焦虑绝非平凡。然而，即使在那些持久的、可怕的、不人道的悲惨环境下，有些时刻也会脱颖而出，给他们的生活带来有益和难忘的突破。①

斯蒂芬·茨威格（Stefan Zweig）就人类世界史上的十个重要事件写了一本雄心勃勃、见解深刻的书。②茨威格在标题中使用了"星"（《人类群星闪耀时》）这个词，指的是我们头顶上发光的星星；它们照耀着"短暂之夜"——历史上平静而沉寂的时期。与艺术家一生中"少有的创作灵感时刻"类似，人类历史上也有"崇高而难忘的时刻"。这些罕见的、决定性的、庄严的特殊历史时刻，在几十年和几

---

① 利维，《尤利西斯之歌》（*The Canto of Ulysses*）；克莱茵，《欧洲文学与悲剧存在意识》（*La térature européenne et la conscience tragique de l'existence*）。两位作者都讲述了他们在可怕的环境下与但丁的《神曲》的接触。

② 茨威格，《人类群星闪耀时》（*Shooting Stars*）。

百年的时间里，决定着大小文明的生活，甚至是全人类的命运。

那些特殊的时刻也是个人生活史的一部分。例如在两种存在形式之间做出抉择的时刻，参加异国庆典的时刻，听一场温暖人心的合唱音乐会的时刻，或者目睹一个出乎意料的慷慨行为的时刻。在这些情况下，人们专注于现在，活在当下，因为现在与过去和未来是分离的，这孤立的一刻深深地牵动着他们的心，给他们带来平静或不安的感觉。与陌生或崇高事物的邂逅使他们从日常生活惯例解脱出来；这可能会吸引和激励他们，但也可能会使他们产生对立和困惑。[1]我所说的"时刻"并不是指明确的、可测度的时间延伸。这时刻可能只持续几秒、几分钟、几天，也可能是几个月、几年，正如下面这句话所表明的那样：大学时光是我生命中的关键时刻。它可以是我们生命旅程中一个耀眼的事件，一个插曲，一个关键阶段，或者是一系列外在行为或内在状态的高潮。时刻是时间的连续性的中断：其诱发因素可能是对大海的沉思，它"深沉而平静的庄严"（索伦·克尔凯郭尔Søren Kierkegaard）或"无穷"（卡尔·雅斯佩斯Karl Jaspers）、感人的歌曲、故事或戏剧、让我们坠入爱河的一句话或一瞥，或者是我们逐渐体会到的一座异国城市的风情。尽管本书所描述的这些时刻包含了一些使我们走出千篇一律的日常生活的决定性际遇，但我所理解的时刻并不是那些著名哲学家作品中存在多种定义和理解的"瞬间"。[2]

---

[1] 约翰·拉克斯在"哲学和日常生活中的超越性"中的趣味性反思。

[2] 在奥根布里克这一研究中，可以看到科拉尔·沃德对这一概念的历史态度。

我所说的时刻，指的是一段特定的持续时间，由于其更深层次的重要性和转化作用，它们在我们个人的成长中从过去和未来中脱颖而出，甚至可能将我们带到一个永恒的维度。

在本书中，我描述并分析了那些影响和形成我们个人存在并使我们像"生命的生命"一样体验时间的"罕见时刻"（查尔斯·兰姆 Charles Lamb）。我在这里关心的是提出观察、分析和建议，而不是证据。我在部分章节中提出了一些正例和反例，用以消除草率提出的普遍性主张。例如，断言每个人都渴望脱离其生活环境是错误的。我认为讨论的话题不能以严格的学术眼光来看待。因此，我偶尔也会从我自己或其他人的亲身经历中吸取经验。我认为，讲述这些经历并不会削弱对哲学客观性的渴望和对智慧之光的需要。索伦·克尔凯郭尔对文法学校要求苛刻的老师的描述，使我们更容易理解他关于语言与情感状态之间微妙关系的中心思想，而莫里斯·梅洛-庞蒂（Maurice Merleau-Ponty）对巴黎第一印象的叙述，使他对一个城市情感本质的感知更具说服力。[1] 因此，我的现象学描述和分析是通过具体的例证来完成的，这些例证部分取自传记等文学作品。虽然有些例子来自著名人物的生活故事，但他们明确提出的观点与普通人的生活和经历息息相关。故事，无论是虚构的还是真实的，往往能以最动人和最有说服力的方式表达关于我们的本性、能力和内在价值的深刻

---

[1] 克尔凯郭尔，《人生道路的阶段》（*Stages on Life's Way*）；梅洛-庞蒂，《知觉现象学》（*Phenomenology of Perception*）。

真相，以及我们内心的秘密、我们在历史上的位置和我们在公民社会中的共同目标。故事用一种对我们所有人来说都很自然的语言，更生动、更直接地揭示和验证了在这里通过抽象概念呈现的东西。故事偶尔暗示的内容会比言明的内容更为重要。它们让我们接触到真实的自己，以及促使我们改变自己生活的动机、际遇和可能性。它们还揭示了是什么保持了我们的信心和活力，以及什么样的经历增强了我们的独特感，使我们明白生活的意义。

我认为，现象学态度为突出决定性经历的本质特征提供了一种恰当的哲学途径。

这种态度非常直观和容易接受，即使它试图纠正一个错误的立场，也不存在争议。因此，我提到不同的作家，以及他们对社会、伦理、教育和艺术问题的看法，并不是为了对他们的立场进行争议性的探讨。我认为它们是我打算提出的哲学观点和阐释的富有洞察力和启发性的例证。我热烈欢迎哲学家、作家或艺术家提出所有的主张和描述，他们的观察有助于我们更好地理解自身日常生活经验的各个方面。如果我偶尔也提出批评，那么我的意见主要是用来质疑那些令人失望的泛泛之论和标准观点，这些观点使我们无法注意到那些在具体情境下生活的真实个体。在这方面，现象学是对一些抽象范畴无差别地应用于人类存在的批判。

鉴于这种哲学态度，我同意马克斯·舍勒（Max Scheler）的观点，他宣称与自身"最亲密和最鲜活的接触"必须放在对某个客体的疏远和批判之前。①例如，如果我们打算写关于游泳的文章，我们就必须跳入水中，感受我们身体的浮力，或者至少沿着游泳池边上几个小时，观察别人游泳的技巧。以现象学为基础的哲学是领略世界之奇妙的醒悟。它惊叹于貌似最显而易见、最不言自明的事物，并努力领会其无尽的复杂性。与其对孤立的现实进行冷冰冰的分析性的调查，它更喜欢对具体的、全球性的体验进行热烈而活泼的参与。正是在这种哲学立场之下，我们才可能会对我们最熟悉的东西进行分析，对似乎只会产生普通知识的东西进行分析，对大多数时候没有引起我们的注意和惊叹的东西进行分析。例如，我们直立的姿势或我们的手非凡的活动能力。我认为，哲学的一个有价值的目标，就是要对一个看似显而易见实则令人费解的事实，即我们人类的处境，进行解释和理解。这需要一种特别的敏感性，用托马斯·内格尔（Thomas Nagel）的话说，就是"被完全熟悉的事物所迷惑的基本能力"。②我希望我的书能揭示人类生活在这个不言而喻的世界中所展现的一些令人惊讶的方面，并进一步阐明其独特的、决定命运的时刻的性质和意义。

---

① 舍勒，《现象学与认知理论》（*Phenomenology and the Theory of Cognition*）。

② 引自托马斯·德科宁克对哲学的精辟介绍——《哲学的作用是什么？》（*À quoi-sert la philosophie?*）。我想，内格尔和德科宁克可能都会赞同G.K.切斯特顿的这句名言："如果白昼不富有诗意，就不存在诗意的东西；如果正常人无法让我们感到惊奇，就没有怪兽会使我们感到惊奇。"

为自己做出决定之时，

此生由我主宰

激情和心灵的罪，远比理性的罪更接近救赎。

——索伦·克尔凯郭尔

也许没有作家会比索伦·克尔凯郭尔更为看重决策行为的意义和重要性了。他与未婚妻雷吉娜·奥尔森（Regina Olsen）解除婚约，以及对上帝要求亚伯拉罕献祭以撒的描述都表明，做决策的过程会迫使个体去考虑两种可能的利益，而且无论他们偏向哪一种，结果都是不确定的，还会带来不可避免的痛苦。人们不仅是在选择一种可能性而抛弃另一种可能性，同时也是在进行决策，最终都关乎自己和自己的人生。从本质上来讲，他们在面临决策时没有任何外界的支持，比如建议，或是他们的同胞所接受和认可的道德准则。虽然他们可能采取各种策略来逃避决策的负担，但仍然无法避免面对这项决策的义务。威廉·巴雷特（William Barrett）总结了这一困境的程度和影响："独自面对这种情况造成的恐惧感尤其强烈，因此，多数人会惊慌失措，只要有一种普遍适用的规则能免除他们自己做选择的任务，他们就会试图利用这种规则来逃避选择。"①

---

① 巴雷特，《非理性的人》(*Irrational Man*)。

迟早我们都会走到这样一个人生的岔路口，体会到一种类似局促不安的感觉。我们可能会记起曾经面临的艰难抉择：是留在国内经营传统家业，还是到国外开创前途未卜的事业？在这样的时刻，我们会提出如下问题：我是应该留在熟悉的环境中，还是应该勇敢踏入一个未知的世界？我应该坚持父母教育我的价值观，还是应该听从内心冒险和抗议的呼声？我们可能会记得曾经陷入的那种极端境地，要么就冒着风险采取主动，要么就坚守平凡无奇的生活和假想的安全感所带来的些许慰藉。

在一次采访中，著名小提琴家耶胡迪·梅纽因（Yehudi Menuhin）回忆了自己曾经的窘境："选择是人生中最大的挑战之一。在我的第一场婚姻差不多要告终的时候，我经历了一段可怕的岁月。我犹太法典式的思想被夹在律法的严明和内心的呼声之间进退维谷。我似乎无法摆脱这两难境地。在三年左右的时间里，我都下不了决心去决定我要做什么。"① 如果说做决定是我们人生中必不可少的时刻，部分原因是我们不可能与其他人共同承担这个任务。当然，在做决定之前，我们会迫切地咨询他人并寻求指导，但在做决定的时候，我们会发现自己处于"完全孤立无援"的状态，没有任何来自传统、道德规范或是他人的支持。用克尔凯郭尔的话来说，我们"只有"自己，"这才是

---

① 丹尼尔斯，《与梅纽因的对话》（*Conversations with Menuhin*）。在后文中可以看到，梅纽因在这里谈到的是决定，而不仅仅是选择。

可怕的地方"。[1]在没有任何人给出建议的情况下，我们要独自在两种具有吸引力或排斥力的行动中做出选择，我们必须承受放弃其中一种可能性的痛苦。如果我们要带领一个群体，也极有可能不得不面对在道德和权宜之计之间做出抉择的困境——亚瑟·克斯特勒的小说充分揭露了这一困境。例如，如果我们正在经营一家不景气的企业，为了保证充分的成本效益，我们是要通过裁员来改善财务状况，还是让员工留在岗位上，至少让他们继续养家糊口？如果我们是提供儿童保护服务的社工，却发现父母虽然爱孩子，却无法满足孩子的基本生存需求，我们该如何决定孩子的未来？如果我们是国际奥委会的成员，在发生针对参赛运动员和教练的恐袭后，我们应该支持还是反对赛事继续进行？如果选择一种可能性而抛弃另一种可能性的任务迫在眉睫，即便会有迟疑和犹豫，我们还是无法逃脱令人痛苦的做决定的责任。

---

[1] 克尔凯郭尔，《恐惧与战栗》(*Fear And Trembling*)。

做决策的孤独

正如我们所见，在所有上述情况中，我们面临着两种无法同时掌握的可能性。做决定就是选择一种可能性而放弃另一种可能性的行为。事实上，在生命的每一刻，我们都在各种可能性中寻找自我。在我写下这些话之后，我可能会继续写作，可能会停下来思考我该写些什么，也有可能会去散步。当我坐在办公桌前对自己的未来进行规划时，我内心清楚地意识到了这些可能性。换句话说，即使我没有有意识地表现出每一种可能性，我与这些可能性之间也存在着现实的联系。通过面对和评估即将到来的可能性，我可以走入现实的未来；通过选择其中一种可能性，我可以掌控现实的现在，通过有意识地审视已实现的成就，我就回到了现实的过去。因此，我个人成长的时间性是由即将到来的可能性，借由我的行动而实际实现的一些可能性，以及已经实现或被抛弃的可能性构成的。未来的可能性，实际的现实以及过去的成就相互决定，相依相生。比如我来到湖边的行为开启了我会下湖游泳的可能性，看到湖另一边有个许久未见的朋友的可能性催生了我会游过这个湖的行为。过去的成就和未来的可能性都对当下的行为发挥作用，引发了游泳和与朋友共享美酒等后续行为的实现。

当我从一种实现过渡到另一种实现时，我的可能性和已达成的范畴都在不断变化。我把这些可能性看作一种扩展和收缩。健康的状态会开启各种可能性，患病的状态则会使可能性受到限制。在我健康的时候，时间的地平线是开放的，在我生病时则是封闭的。这种开放让我忘记了顾及我的身体，当我专注于要承担的任务和事物时，它便默默地被越过去了。直到明白生命有终结，才让我意识到我的身体是一个需要被现实照顾和关注的。在年轻的时候，我的成就明显比年老时要小，它们的意义也有变化，这取决于我的行动如何以及在多大程度上影响我未来的可能性。例如，移民到一个新国家与作为游客访问一个国家相比，将对我产生的可能性就有不同的影响。

我们通过行动来掌控并实现各种可能性。例如，暂停写作或阅读，去散步或泡一杯茶。大多数时候，我们的行为都遵循习惯、风俗、行为准则、社会惯例或法律条规。在所有这些情况下，我们并不是在做决定，只是在做我们该做的事。当我们坐进车里，开车去上班时，我们不是为了到达目的地而决定准时出发并使用这种交通工具。我们只是在遵循一种例行习惯，完全不会去考虑其他选择。社会学家将之称为人类行为的习惯化。这是一种专业而不费力的复制。习惯化的行为让我们从有意识地做决定的负担中解脱出来。如果由于一些无法预见的原因，我们遇到了阻碍（由于事故造成严重延误），就会反思如何更快地到达目的地，或者如何改变接下来的计划。我们会仔细研究当前的形势，在考虑了各种可能的行动方案后，我们也许会改变这一日常行程，但我们也不是在做决定，我们只是在遵循习惯或习俗，而没有认真思考我们所做的选择。

但是当我们不能再依赖于一种清楚而明确地告诉我们该怎么做的习惯、习俗或法律时，我们就会做出决定。此时我们会发现自己处于个人规则或制度规定的领域之外。接受多数人的指令或服从由体制或社会传统所制定的常规，显然不等于做决定。赫尔曼·卢培（Hermann Lübbe）说过："决策的逻辑就是例外的逻辑。"[1]在进行决策时，通常决定我们行为的性质、特点和目标的抽象规范、规则和指导将不再适用。因此，当面临在两种可能性之间做出决定的具体情况时，我们就又回到了只能靠自己的境地。如上所述，我们认为做决定是困难的，有时甚至是一种可怕的经历，因为我们不可避免地面临着自力更生的责任，我们要走出可靠的生活社交圈，陷入一种孤独的状态之中。我们无法依靠人或物来为我们行为的方向提供可信的指导，也无法对我们的行为可能产生的后果有清晰的认识。"不可避免"一词，要求我们做到更加准确无误。在某些情况下，被排除的可能性就

---

[1] 卢培，《决策理论》（*Zur Theorie der Entscheidung*）。

是在给其他可能性留下考虑的余地。如果我们决定抓住其中一种可能性，我们做的决定就是在否决其他的决定。

当然，我们的决定并非完全武断或反复无常。决定经常是基于动机，但也有例外。我们选择走左边而不是右边是有原因的。例如，当我们在森林里或是在人生的丛林里迷失，又没有指南针的时候，做出的决定可能并不依赖于动机。动机是我们做决定的基础或出发点，当有人问我，或者当我问自己为什么决定成为一名音乐家时，我可以为我的决定提供一个解释：因为我热爱音乐，音乐可以让我表达自我，或者我设想在乐团里演奏能有一份好收入。动机不仅使我的决定合理化，也为我的决定提供了最初的推动力，但这个动机并没有消除其他相互竞争的动机，这些动机可能会促使我从事另一种职业。当动机缺乏明显性和明确的强制力时，当它们无法一劳永逸地消除我的犹豫时，我们就需要进行决策。一个迫在眉睫的决定可能需要对我所有的理由进行审视，由于缺乏足够的时间，我有时会无法完成这项任务。因此，最终的推动力必须来自我个人的倾向和对理由的有效性和正当性的信心。

因此，做决策是我的任务，它与自我建立了一种联系。各种语言强调了这种与自我的关系：I make up my mind, je me décide, Ich entscheide mich。这种与自我的关系是决策的核心要素：我意识到自己是行为的主体，并对其后果负责。我也意识到我思考的过程，用柏拉图的话来说，就是头脑在"自言自语，自问自答，说是和否"。我可能是慢慢做出决定，也可能是突然做出决定。"这两种声音说的是同一件事。"① 在做决定时，我也认为自己是一个拥有自由意志的人，不同于任何人。更重要的是，我以一种具体的方式强化了我的自由和独特性。在抓住一个可能性的同时，我知道我本来也可以抓住那个被拒绝的可能性。通过充分意识到这种可能性，我知道什么是自由，什么是为我决定的后果负责。

自由是对是否实践有意义的行为做出决定的能力。对自由的要求可能会受到这样一种假设的挑战，即我的心理倾向和无意识的动机，或者外部社会的力量，实际上可能会左右我的决定——使我无从得知这些因素的程度和作用。如果我同意这个假设，我将无法超越这些决定性因素，并提出以下问题："考虑到这些决定性因素，我应该怎么做？"我对行为决定性因素的假设和我对可能性的评估也许会相互矛盾：我不能既认为自己坚定不移，同时又不由自主地对自己产生质疑，询问自己是如何下定决心的，或者是什么让我决定采取这种行动的可能性，而抛弃其他行动的可能性。对于自我动机和性情这些决定性因素，其内在的信念也适用于我的一些评估性问题。尤其是当我面临做决定的任务时，经常会问这个问题。②

当我们要做出决定时，我们并不总是能清楚地看到，在这些可能性中，我们应该把握哪一种，放弃哪一种。以前获得的知识和从过去

---

① 柏拉图，《泰阿泰德篇》（*Theaetetus*）（康福德译本）。

② 内格尔，《理性的权威》（*The Last Word*）。

经验中吸取的教训并不能提供明确的指示。即使是先前做出的决定，也不能给我们一个关于正确道路的明确答案。事实上，当我们无法准确预测行为的结果时，就是在做决定。我们的信心和直觉可以为我们提供足够的支持，使我们能够毫不犹豫地抓住一种可能性。然而，如果一种令人不快的不确定性笼罩着我们时，我们在采取其中一种可能性时就会"恐惧和颤抖"。在没有确定行为是否正确的情况下，做出决策这种行为意味着：它是勇敢地向未知领域的飞跃。没有人向我们提供这一行为的跳板，也没有人减轻我们的责任。在许多情况下，没有人能够洞察我们内心的猜测、希望和感受。我们从地面起飞时是孤立无援的。这一飞跃并非草率之举，因为尽管迫在眉睫，做出决定仍然需要对我们的能力和行为可能产生的后果进行即时或长期的评估。

因为，在孤独的状态下，我们必须依靠自己的能力，把自己托付给未知的因果，决定需要一种"权力感"（保罗·里克尔），一种"主宰形式"（赫尔曼·卢培）。在我做决定的那一刻，我认为自己有能力坚定自己内心的立场，保留和放弃各种可能性，而不需要一系列规则和习惯的保护性支持。我做的决定越多，就越能相信自己的力量，抵御外界的负面影响，对自己行为的积极结果表现出自信。我越来越相信自己有能力克服犹豫、恐惧和不信任的威胁，这增强了我的力量感。从这个意义上说，我独自做决定的能力可能会让我在同龄人中获得声望和认可。

　　如果我面临的多种可能性相互排斥：我决定支持其中一种的可能性，我就必须抛弃另一种。如果我决定移民到一个新国家，我必须放弃留在国内的可能性。一年后，我可能会后悔这个决定，再回到我的祖国。但我也不再是最初的状态，而回归本身将是在我成长的另一个阶段做出的另一个决定的结果。

　　决策是在一个时间框架内进行的。这个决策阶段与未来的某个时刻紧密相连。这个时间阶段的存在使得决策不同于选择。区分选择和决策的时间特征确实有用处，而且相当重要。在面临选择时，我们可以考虑和权衡各种可能性，直到我们对可能性实现的成败有明确的想法。在购买某种消费品或选择某个旅游目的地时，我们可以不急于一时。这些现实通常作为未来的可能性而存在。但是，当我们决定要为从事某一特定职业而学习或与某人结婚时，我们应该在一定的时限内做出决定。我们无法完全抓住这些可能性。它们有自己的倒计时。选择一种可能性而抛弃另一种可能性的任务有一个截止日期，所以决策是一件严肃的事情：决定的"非此即彼"构成了我们生活的岔路口。另一方面，选择并不会给我们成长的主要方向带来显著的变化。当我们在人生道路上前进时，我们会做出一些决定和许多选择。我们可以撤销做出的选择，但我们必须接受曾经的决定。选择是用铅笔写的，可以抹去，而决定是不可磨灭的，无法抹去。也许正是出于这个原因，我们会遗忘做出的选择，却记住了曾经的决定。顺带一提，关于工作或休闲活动的日常选择可能会导致我们不得不做出决定，与此对应，关于工作或婚姻的决定可能会产生一系列的选择。

除了两种相互排斥的可能性之外，决定的形势还伴随着接受或设定最后期限的紧迫义务。在这方面，我们会正确地谈到决策的成熟过程。在这个过程中，我们既能发现有意识和无意识的精神活动，也能发现直觉性和理性的思考，所有这些都会相互影响。当我们试着展望未来，评估某两种可能性带来的后果时，我们会不断问自己："现在我该怎么做？"或者"这个行为的结果会是什么？"或者最终我们会问，"我要从人生中活出些什么"？决策成熟的过程在时间上的展开指向并最终到达一个"无法回头的点"，随后，在没有做出决策的情况下，两种可能性中的一种逐渐消失，另一种逐渐实现。因此，我们感到做出决策的紧迫性；做决策这一必然的任务似乎是一个沉重而痛苦的负担，我们不能直接忽视或置之不理。随着时间一分一秒地过去，越接近无法回头的时间点，我们越会独自感受到其日渐强大甚至是令人不安的存在。

以下这个例证生动地说明了决策过程中隐含的负担和紧迫性。它说明了一个决定可能成为一个人一生中最难忘的时刻。1983年9月26日，当时的指挥官斯坦尼斯拉夫·叶夫格拉福维奇·彼得罗夫（Stanislav Yevgrafovich Petrov）在莫斯科附近的谢普霍夫-15秘密防空地堡执勤。预警卫星系统报告，美国发射了可能带有核弹头的洲际弹道导弹。如果发生袭击，彼得罗夫必须通知他的上级，根据当时苏联的战略，他们准备立即发动大规模的核反击。要记住，当时美苏关系已经到了最低点。彼得罗夫只有很短的时间来思考两种可能性：要么凭自己的直觉，基于可能的计算机错误而无视警告；要么相信苏联军事技术的可靠性，遵守军事协议，报告即将到来的攻击。在那痛苦的几分钟里，在完全不确定的状态下，他思考了警报可能为假的几个原因。他决定相信自己的直觉，不触发军事警报。将这一警告信号视为虚假警报而不予理会，结果证明他的判断是正确答案。

不确定性、紧迫性和缺乏外部支持都是决策的构成要素，往往使选择一种可能性而放弃另一种可能性的过程变得极其有压力。① 当我们面对需要做出决定的情况时，我们通向未来的前进势头必会受阻。当我们做出一个接一个的决策时，我们还要在受到严重干扰和障碍的情况下及时前进，并尽可能多地完成任务和职责。例如我们在决定接受还是拒绝一项重要的医学干预时，我们人生发展的连续性就会受到扰动。要求做出决定的时刻打破了我们平时处理人和事的常规，它在我们的生命历程中创造了一个决定性的时刻。

当我们回顾个人生活的发展时，可以适时回想这条来时之路和在

---

① 在最近的一本畅销书中，读者发现了这种误导性的说法："根据社会科学中一些公认的发现，我们认为在许多情况下，个体会做出相当糟糕的决定——如果他们全神贯注、拥有完整的信息、无限的认知能力和完全的自我控制，他们就不会做出这些决定。"塞勒和桑斯坦，《推力》（*Nudge*）。如果个人拥有完整的信息、无限的认知能力和完全的自我控制，他们根本不会做出决定。他们只会在对自己行为的正当性有把握的情况下，遵循最好的可用选择。严格地说，个人从来不会做出错误的决定。错误是一个决定的结果。只有当他们意识到决定的不良结果时，他们才可能将之定性为错误的决定。

路上所经历的一切起伏。这种起伏有它自己的节奏和特点，或隐秘或大胆。这条路有多种特点：可以是窄的、宽的，陡峭的、崎岖的，被踏平的或铺好的。在这条道路上，会有一些引发危机"暗坑"，迫使我们做出决定。前行运动的形式和旅途的质量都取决于在十字路口所做的决定。

希腊语中的"*krinein*"指的是生物进化过程中的一个转折点。在这一点上，会发生好的或坏的变化。危机是鲜活的、动态的现实（身体、社会关系、经济或生态结构等）在动态展开过程中出现的一次中断：由于这一现实的运行中出现扰动，其进程被减慢或受阻，其方向变得不确定。在危机情境下，我们既经历了正常运作的失败，也经历了创造性再生的探索。中断和不确定的时期可短可长。我们必须面对危机，即使承受着痛苦，也需积极寻找解决方案。我们并不总是清楚我们将如何克服现有的扰动，什么是最合适的解决方案，以及每种解决方案可能产生的后果。所有形式的危机——社会的、政治的、经济的或个人的——迟早都需要我们做出决定，这一决定引入了修正，干扰要么得到解决，要么至少得到缓解。持久的危机可能会引起犹豫、怀疑，使活力和洞察力丧失，而且经常会引起被动的状态，这反过来可能会加剧危机。在个人遇到危机的时候，最大的敌人常常是自己。做出决定时需要努力克服疑虑和犹豫，才能最终取得成功，需要摆脱犹豫不决的麻木，需要结束自我斗争，需要制定有效的恢复程序。尽管危机具有令人痛苦的性质，但它也可能被证明是非常有益的，因为它激发了行动中的创造力：倒退开启前进之路，混乱开启重组之路，紧张开启解决之路。[①]做出艰难决定，以及从前所未有的危机中走出来后的成就感，会成为我们人生道路上一次重大而令人欣慰的经历。

---

① 莫兰，《为了一场危机》（*Pour une crisologie*）。

做决策的艰难

正如我们所看到的，决策就是要实现一种可能性，并接受另一种可能性的消失。我们所选择的可能性的实现，将成为我们的未来以及生活中做下一步决定的焦点。通过我们的决定，我们对现实的未来施加了一些影响：如果我决定生活在某个国家，我未来的可能性将取决于我在这个新环境中的存在和活动，但每一个决定也意味着我们必须放弃其他可能性。如果我决定从事音乐相关的行业，我就放弃了商业、医学或政治相关的职业。当我们在生活中不断前进，从"还没有"到"已经"，于"现在"中将自己与未来和过去联系起来，我们的可能性范围就会缩小，我们的成就范围就会扩大。我们可以把自己的存在比作一条逐渐变窄的路：前面的路是由我们不断缩小的可能性形成的，后面的路是由我们不断增长的成就形成的。但是，正如欧文·施特劳斯（Erwin Straus）恰当地指出，除了我们在简历中所自豪地列出的成就外，我们还必须牢记我们错过的可能性。正如他所说，"我们总是欠过去的债"。面对过去，我们如同处于法庭的被告席上，没有人可以不认罪。[①]但是，在我们的过去，除了我们错过的可能性之外，我们还发现了我们自觉和勇敢放弃的各种可能性，而有罪判决并不适用于这些可能性。

我们可能会带着悲伤、悔恨和遗憾回顾我们错过的和拒绝的可能性。这种毫无结果的遗憾使得曾经的可能无法完全消失。它会反复地回到他们的脑海中，让他们记忆犹新，并说："如果我没有这样或那样做，我会有一种不同的生活。"心中生出的遗憾平静地接受了这样一个事实，即那些未尽力或错过的可能性已不可挽回地消失之后，终为现在和未来提供了教训。然而，有些人会对可能性的减少或消失表现出持续的、彻底的抵制。例如，守财奴依附能保持价值的金钱，却不用于投资或收购。金钱虽然在守财奴的一生中提供了大量持久的可能性，而这些可能性永远不会被投资或转化为现实。保留下来的可能性虽然本身毫无价值，但由于它们不用于投资或购买，却因此比获得的具体实物或投资回报更能使持有者感到满意。除了这种不寻常的满足感之外，坐拥财富还会让守财奴在面对不可预见的未来时有一种安全感。守财奴之所以固守自己的可能性，是因为他们害怕不确定的未来，如果没有金钱的潜在力量，他们就对自己面对未来世界的能力缺乏信心。[②]

尽管今天许多人会强烈反对自己被扣上"守财奴"的大帽子，但

---

① 施特劳斯，《个人时间的混乱》（*Disorders of Personal Time*）。

② 施特劳斯，《守财奴》（*The Miser*）。

他们仍然会表现出类似守财奴与其所掌握的可能性之间的相关特点。人们从事各类职业，却没有对本职工作表现出任何热情的投入感。其实他们是认为，当他们从事一项工作或建立一种个人关系时，也应该要"保留一定的选择余地"。当代生活的各种公开理念要求人们保留同时存在的可能性，而不承认它们相互冲突和不可调和的本性。书籍、电影和电子游戏创造并满足了一种幻想，使人觉得自己能够超越个人成长的状态，控制个人时间的所有维度。这些娱乐产业的产品满足了一种根深蒂固的愿望，那就是超越自我决策和随之而来的无奈所带来的限制，并仍然可以随心所欲地挽回任何错失的可能性。因此，许多人倾向于生活在幻想的世界里，在那里，不可能的事情是可以实现的，各种可能性之间也不会互相矛盾，而不是像在现实世界里那样，总是需要做出决定，改变或放弃各种可能性。那些不断把决定的时刻推到以后的人，无法与现实建立联系。例如一个人憧憬着成为一名政治家或者是一名学者，然而两种可能性他都不能下定决心，这就会同时妨碍他成为这两种人才中的任何一种。为了做到真实、有效、负责任，"非此即彼"是必然的。采取逃避态度和不承认"生活也有其要求"还有更深层次的原因（克尔凯郭尔）。[1]当一个人没有学会区分各种可能的世界观的价值，而是认为它们是等同的，因而无法坚守其中任何一种世界观时——对特定的人生道路和目标下定决心的能力就会衰退。因此，我们不仅要唤醒一个人比较各种世界观的能力和

① 克尔凯郭尔，《非此即彼》（*Either / Or*）。

相应的宽容态度，也要唤醒他们通过自由意志决定认同其中一种世界观并坚定不移的能力。[①]

我们已经看到，强烈的不确定感是决策行为的另一个核心要素。在做决定的那一刻，我们无法清楚或肯定地评估我们即将采取的行动的结果。现在看来正确和有希望的事情，将来也有可能变成错误和谬误。我们面临失败的风险，失去工作甚至生计的风险，生病或不快乐的风险，引发敌意或被误解的风险。难怪我们在做决定之前会受到疑惑和恐惧的困扰，尤其是在之前的决定已经感受到严重失望的情况下。我们不仅不确定环境是否会向好的方向转变，也对自己接受失败、忍受孤独、困难和逆境可能带来的痛苦缺乏信心。过度谨慎的人总是关注他们所承担的风险，以及他们的决定可能带来的负面后果。他们对自己的远见以及接受自己最终垮台的承受力怀有不信任感。因此，对各种可能性及其未来后果的关注，在他们的生活中发挥的作用比通过果断行动所创造的成就更为重要。为了"把我们自己从明天令人沮丧的暴政中解放出来"，我们必须放弃对确定性的执着而徒劳的追求，并与我们的无知和解。[②]正如阿尔弗雷德·诺斯·怀特黑德的智慧之辞："一个人必须要忽略很多事情才能有所成就。"[③]如果我们以

---

① 斯派曼，《以教育引入现实》（*Education as an Introduction to Reality*）。

② 维津采伊《混乱的规则》（*Vizinczey, The Rules of Chaos*）。

③ 普莱斯，《阿尔弗雷德·诺斯·怀特黑德的对白》（*Dialogues of Alfred North Whitehead*）。

预言性的方式，力求充分肯定地了解到我们的行为可能产生的所有后果，其结果是我们可能会陷入完全的被动，并停止行动。为了避免这种麻痹效应，我们需要依靠我们"活在暂时"的能力，并与我们的世界建立信任和情感的连接。欧文·W.施特劳斯（Erwin W. Straus）这样描述这种无忧虑、无拘束的态度："我们活在'当下'，我们或多或少清楚地知道自己活在'暂时'。无论如何我们努力尽责，不再左顾右盼。我们放弃行为中的可确定性，把自己托付给未来，依靠自己，依靠环境，依靠他人。"①

今天，孩子们承担风险和相信转机的机会似乎越来越少。他们的父母和老师越来越痴迷于创造一个安全可靠的环境，结果剥夺了受到过度保护的孩子冒险和探索的体验。然而，最近的研究表明，减少过度保护的禁令会带来重要的好处：孩子们学会相信自己的判断，做出有创造性和无畏的决定，并为自己的行为承担责任。情绪成熟是在鼓励孩子们在积极参与游戏、运动或探险活动的冒险环境中逐渐获得的。②

在一个充满恐惧和偏执的社会里，人们不断被警告，经济专家和政治人物的错误决定可能会导致迫在眉睫的灾难。对失误后果的担忧，在企业和公共机构的运作以及个人的日常生活中都留下了印记。然而，造成错误的原因可能是恐惧，也可能是过度自信。恐惧强化了

---

① 施特劳斯，《强迫症的病理学》（*The Pathology of Compulsion*）。

② 恩戈，《过于安全的弊端》（*Too Safe for Their Own Good*）。

对一个不可逃避的决定的责任感，但可能会导致人们无法确定决策的有利时机，还可能使人无法对行动可能产生的后果进行准确评估。

在一个标准化和可预测的社会环境中，机械设备通常发挥着核心作用，这将可能出现的错误减少到最低限度，并使人类摆脱了决策负担。如果设备经过精心设计和维护，机器人和电脑（比如飞机上使用的自动驾驶仪）就能够出色地完成任务。它们越来越多地出现在我们的生活中，导致人们倾向于将人类的成就与这些设备的性能进行比较，从而降低了对人类缺点和错误的容忍度。不幸的是，我们对这些机械设备在感情上的依赖几乎是无限的信任，也导致我们忽视了依靠和提高自身的体力和智力。我们把这些能力交给了各种设备。我们内心的隐秘愿望是创造一种设备，它能思考、有感觉、能准确无误地工作，并完全消除令操作者不安的不确定感。我们目前还没掌握这种设备，但在人类趋向于回避犹疑的状态下，我们会越来越依赖机械的帮助来评估条件和变化，形成判断和假设，并提出关键的干预措施。

值得一提的是，社会制度在人类生活中发挥着有益却令人窒息的作用。由于人类行为的内在可塑性、不稳定性和不可预料性，以及人类行为对社会环境提供的大量意外可能性的敏感性，体制及其规则、法律、习惯和行为模式为我们日常的人际互动提供了亟须的可靠性、可预测性和安全性。更重要的是，它们减轻了决策的负担。在自然或社会灾难时期，或在革命和政治制度崩溃期间，体制的暂时性削弱会带来方向的迷失、不确定性和普遍的不安全感。如果为保卫公民及保护其财产而设立的所有这些力量都暂时解体或削弱，所造成的法律和秩序结构的缺失可能会突显无法预料的暴力或出乎意料的慷慨人性。当个人突然变得孤立无援，从法律法规的束缚中解脱出来时，他们就被要求运用自己临场应变的能力，并常常不情愿地但自主地做出改变人生的决定。另一方面，一旦个人能够依靠加强的体制所提供的可靠引导和"快乐的确定性"，就会普遍不愿面对做出决定的任务，并必然缺乏自主的决心。尽管长期稳定的社会秩序制度作为我们人类的生存条件是必不可少的，但它同时也给我们带来了苟且偷生的强烈诱惑；依赖于共同的思维、感觉和行动习惯；避免需要自主性的情况。奇怪的是，有些人乐于生活在严厉的制度管理之下，只是因为这种管理对他们日常生活几乎所有方面的日益控制，缩小了那些可能迫使他们做出决定而相互冲突的可能性。在许多文化中，家庭——我们社会生活的基本单位——常常鼓励人们无可置疑地接受对稳定的社会地位和职业道路的追求，扼杀年轻人冒险背离"对前几代人行之有效的套路"的勇气。拥有完善的终身教职制度和行政结构的教育体制也会引发一种思维模式和生活模式，这种模式似乎会阻止人们对回避学术规定的批判性义务。根深蒂固的习惯和心态很容易影响新教师或学者以及年轻的管理者，这使他们放弃了做出不同决定的意愿和能力。即使是个人——例如那些声称自己不受社会约束和职业规范约束的艺术家和作家——其创作的传播也依赖于一种"主观性的二次制度化"（阿诺德·格伦Arnold Gehlen）。在某个阶段，他们愿意用创作独立性来换取他们从遵循艺术交易商、展览组织者、制作人、出版商所写成的"规则手册"来获得的所有好处。弗里德里希·尼采（Friedrich Nietzsche）曾满怀信念和激情地写道：制度，尽管有无可争辩的必要性和好处，却加剧了"懒惰的倾向"。[①]的确，在社会的各个方面都存在着一种惰性。由于害怕犯错误，有这种惰性的人从不质疑一个机构的成文或不成文的规定和价值观，只认可那些不会产生不良偏差的行为和思想。还有一种固有的惰性，即不拿当前受保护的社会地位和作为一个体制内成员的舒适去冒险，不把勇敢的内心信念置于外界的认可和物质需要的满足之上。

做决定的另一个困难来自人们想要逃避孤独的心理，尤其是在危机时刻，人们会通过寻求朋友或家人的陪伴来缓解这种孤独感。正如我们所看到的，在某些情况下，现有的传统、规则或意见无法为我们提供关于抓住正确可能性的明确指示。在这种特殊的情况下，我们只能依靠自己，在没有任何外部支持的情况下设想我们的未来、其重构的倾向以及最终要肩负的责任。我们被迫独自面对这一决定，不管缺乏鼓励性的建议是多么痛苦，也不管孤独的立场可能消耗多少精力。但痛苦也有它的回报：它使我们与自我深入接触，并在面对他人时形成更强大的自我。克尔凯郭尔告诉我们，这一刻比遇见世界著名人物对一个人的影响更重要、更难忘、更崇高："当一个人周围的一切都

---

① 尼采，《作为教育家的叔本华》（*Schopenhauer as Educator*）。

变得如晴朗的星光之夜一般寂静、庄严，当灵魂在这个世界上变得孤独，那时在一个人面前出现的就不是一个非凡的人，而是永恒的力量本身，天堂似乎开启了，这一刻我选择了自己，或者更准确地说，是接受了自己。"①

今天，自我回归本身变得越来越困难。我们发现自己置身于各种社会力量的角逐之中，这些力量促使我们远离自己。大学里的书籍、讲座、电视节目、社交媒体和自助课程都鼓励我们发展一个新的自我，一个更成功、更自信的人格。我们很乐意回应这类召唤，并付出相当大的努力，用我们真实的自我来交换一个有代表性、有表现力的自我。我们在与人的日常交往中逐渐形成一种戏剧化的态度：我们越来越重视社会需要的和后天获得的角色，否认真实自我里无可替代的冲动、情绪和判断，被盲目鼓励"做你自己"。但是，在我们不顾一切地尝试逃离自我，接受借来的自我之后，我们迟早会被迫回归到真实而谦卑的自我，并面对做出决定这一令人不安的任务，不管我们喜不喜欢。在这种回归中，尽管我们一直努力摆脱自我，但我们逐渐认识到，要摆脱具体的自我是不可能的。但是这个具体的自我是什么呢？它常常是一个软弱而优柔寡断的自我。这是因为我们越来越依赖随时准备提供建议的旁人，他们向我们保证"你一定能成功"，并通过这样做逐渐削弱我们做出决定、坚持决心和承担责任的能力。②

---

① 克尔凯郭尔，《非此即彼》（*Either/Or*）。
② 巴雷特，《灵魂之死》（*Death of the Soul*）。

　　由于我们对自身决策能力的信心被减弱了，我们无法解决集体认可的规则和生活方式与我们的个人信念和愿望之间的尖锐矛盾。正如上述耶胡迪·梅纽因所面临的两难境地所表明的那样，我们可能发现自己所面对的最困难的一种情况是由一种不可避免的义务所造成的，即在一种已被接受和内化的公约和我们内心的热情之间做出决定。当我们立志成为一名音乐家，但我们的家庭却迫使我们追求更"实用"的职业时，我们该如何决定呢？或者，在不那么刻板的情况下——比如年轻的伊夫林·沃（Evelyn Waugh）所面临的情况——家庭形成的强压氛围逼他成为一名作家，但内心的声音却敦促他勇敢地逆流而上，从事另一种职业，我们该怎么办？①在做出关于选择伴侣或定居地点的决定时，也可能出现类似的困境。

　　我们倾向于带着怀疑和恐惧表达我们的感觉；我们对它们的指导和忠告缺乏信心。我们倾向于把它们看作必须谨慎处理的偶发事件。比起在一种或多或少有些模糊的感觉的暗示下开始一种新的和不同的生活形式，我们更容易接受和遵循我们所处环境的保护性惯例。在我们许多人身上存在着一种毫不留情的诱惑，要我们把自发的感情放在一边，而倾向于理性的反思。我们常常错误地认为，生活应该从头脑出发，很少从内心出发。已知与未知之间的冲突，看似安全与危险的可能性之间的冲突将一直持续，直到我们在特定情况下采取果断立

① 伊夫林·沃，《一般谈话》（*General Conversation*）。

场支持或反对的感觉告诉我们的东西。威廉·巴雷特对E.M.福斯特（E.M. Forster）文学作品的观察似乎是正确的："对情感的误解——根植于通俗语言，并在哲学家和心理学家的技术著作中得到了阐述——是我们文化中更具灾难性的一部分。"我们说激情是盲目的，没错，但往往我们会发现盲目的激情被一些狂热的思想所污染。那些不习惯凭感觉生活的人，其感觉通常是盲目的。另一方面，在某种情况下没有适当感情的完全理性的人难道不是最盲目的人吗？[①]盲目、狂热的思想往往是由一项社会、宗教或文化事业创造出来的，人们认为这项事业很重要，值得为实现它展开一场一心一意，有时甚至是冷酷无情的斗争。我们将在下一章中看到，这一思想也可能导致某些人脱离现有的生活条件，加入一个提倡颠覆性和暴力行为的群体。在人类历史上如此频繁出现的狂热者的盲目性，是由于他们无法把这种思想放到更广阔的视野中，无法评估它的真正价值和对更广泛的群体的生活产生的决定性影响。我们的感觉也可能是盲目的，因为可能的道路缺乏清晰明显的轮廓。面对在一个国家的偏远地区工作的可能性，如果我们决定忽视我们的理性及其所有的警告信号，我们会失败吗？我们徒劳地寻找明确的理由来指导我们，只是觉得这是适当和有意义的做法。在我们看来，感觉似乎不那么令人信服，尽管它们提供了（如果没有被狂热的理性污染的话）一些好处，即让我们能够全面接受复杂

---

① 巴雷特，《需要的时间》（*Time of Need*）。

的情况，以及表明我们在这些情况下寻求的经验的统一性。最终，就像我们发展其他人类能力一样，我们也会在感觉方面变得更加敏锐：我们越依赖它们，就越确信它们的指引是清晰而准确的。具体的生活情境为我们提供了无数的机会，让我们对内心的信息有更清晰的洞见，并增强我们对其的信心。

当决定关乎职业、配偶或宗教时，理性的逻辑与心灵的理性之间的矛盾就显得相当尖锐。它在一个人达到成熟阶段时出现，通常涉及对年轻人的自发性、激情和创造性冲动的忠诚，以及对社会规范和行为准则的清醒和现实的接受之间的冲突。坚持自己的信念和感受的愿望与遵从社会角色的压力之间的这种紧张关系可能会被视为一种折磨，甚至使人衰弱；一个坚定的决定和相应的对内心力量的认识可以带来解脱。减轻这种痛苦的另一种方式是逐渐地融入日常生活，忘掉生活在其中的诗人或让其保持沉默。

学会做决定

如果认为我们首先会获得成熟，之后一旦有了强烈的认同感、适应力和自信，我们就会在闲暇和快乐中试验我们的决策能力，那就是错误的。事实上，只有勇敢地做出决定——伴随着相关的风险、不确定性、责任和孤独感——我们才能形成一个坚强而成熟的人格。如果没有获得、使用和加强决策能力，一时的需要和各种社会规范、习俗和风俗就会对我们产生不良影响。①

正规教育无法培养我们的决策能力。具体的生活环境才能使这种学习成为可能。我们学习做决定就像学习游泳或滑雪一样：我们的动作或多或少成功地适应了环境的要求。因此，我们学会了通过倾听我们的感觉的建议来应对生活中的挑战，同时又不会对理性提供的指导充耳不闻。我们学会在没有任何外部支持的情况下，独自思考和解决

---

① 决定对"人格的内容"至关重要。关于克尔凯郭尔生存哲学的这一核心主张，见《非此即彼》。

欲望与责任、创意与传统、权宜之计与道德之间的矛盾。我们学会在恐惧和颤抖中面对未来的沉默，自信地倾听自己内心的声音，并接受这样一个事实：我们的行为具有试探性，不可避免地带有失败的风险。

正如我们所看到的，在做出决定的时候，我至少考虑了两种可能性，并且只采取其中一种：我娶了这个女人，放弃了保持单身或娶另一个女人的可能性。任何想做决定的人都必须认识并接受克己、约束和限制。通过培养我们的限制感和克己的能力，我们开始学会做决定。如果一个决定涉及并增强了我们的权力感，带来了可能性的投射和实现，它同样也会涉及并增强我们的无力感，迫使我们释放某些可能性。一项决定取决于在独自面对各种可能性的勇气和力量，以及谦虚而现实地承认我们只能实现其中一种可能性之间取得适当的平衡。

决策还要求随时准备放弃对我们行动结果的确定性和绝对控制的追求。如果我们继续寻求确定性，就会坚持推迟行动。一个决定需要我们心甘情愿地屈服于未知的环境，并相信好运可能会带来不可控事件的正确转折。即使是一个看起来不那么重要的决定，我们也必须放弃对确定性的追求，拥抱失败的风险。这不仅需要对我们自己的力量和我们人类同胞的最终善意保有信心，还需要衡量采取行动的正确时机和承担风险的程度，哪怕无法回头的时刻即将来临。冒险的行为并不一定需要英雄主义的态度。保罗·里克尔曾经说过，由于我们对世界的认识有限，所以即使是在正常情况下做出一个不相关的决定，我们也要冒一定的风险。用他的话来说，"有一种简单、平静、延伸的风险形式，它适合一种从不跟随世界法则的意识的有限性，这种意识在混乱的物质条件和有限的、不完整的历史的网络中理解价值"。[①]在一个人的经历中，有时必须立即做出决定。在其他情况下，我们可能会有更长的时间来权衡各种可能性。解决重要的医疗、经济或政治问题有时需要仔细和耐心地考虑所选择的解决方案的可能后果和影响。其中一些决定乍一看似乎意义深远，但回过头来看，它们并没有产生重大影响。反之亦然，看似微不足道的即时选择可能会在几年后导致毁灭性的结果，被证明是至关重要的决定。海因里希·冯·克莱斯特（Heinrich von Kleist）的故事《洛加诺的女乞丐》（*The Beggarwoman of Locarno*）就说明了这一点。让一个老妇人起身走开的简单而轻率的命令，几年后会招致可怕的报应。不可预测的事件和不可预见的事件最终将定义和验证一个选择和决定的范围、重要性和正确性。

人性中有一种品质，能帮助人们承担适当的风险，并以信任和轻松的心态来设想未来的进程和部分可控的事件：镇定自若。镇定自若地做出决定的人不会为了发起行动而对任何选定的可能性进行合理化。他们不再徒劳地追求确定性和完美主义，而是通过相信恰当的时机及其最终的结果来做出决定。德国哲学家罗伯特·斯派曼（Robert

---

① 里克尔，《自由和本性》（*Freedom and Nature*）。

Spaemann）将"镇定自若"定义为"认为自己无法改变的事情是对自己行动能力的一个有意义的限制，并接受这种限制的人的态度"。[①] 表现出这种态度的人行动果断，抱着改变世界和改变自己人生的希望，但同时接受一定数量的条件，并让这些条件相应展开。换句话说，他们能够正确地描述什么可以通过一项行动来实现，什么必须作为一个独立的现实来接受。这种现实性在一定程度上是可以通过行为来改变的，但是这种改变本身存在的前提是，我们必须首先接受现实的可变性和不变性。这同样适用于行为的主体。脱离特定环境的决定可以改变我们生活的进程，但我们也必须承认，这种行为不是凭空发生的，其积极或消极的后果会成为我们生活中不可改变的一部分。正如我们所看到的，我们还必须在无法审视所有原因和预测所有后果的情况下做出决定。虽然一项行动的目的被认为是有价值的，因此值得我们做出热情的投入，但镇定自若是随时准备好接受强加在我们行动上的客观和主观的限制，接受我们的成功和失败，并接受现有和改变了的环境中不可避免的要求。

镇定自若不仅包括以镇定和信心做出决定，在对未来没有把握的情况下采取行动，还包括以一种放松的方式与世界、人类同胞和自己建立联系的能力。镇定自若的人不仅在关键时刻表现出自信，还会"顺其自然"。在国外旅行时，他们会允许不可预知的际遇或事件干扰

---

① 斯派曼，《基本道德概念》（*Basic Moral Concepts*）。

他们的计划，并以冒险的心态面对不确定的未来。他们准备好用巧妙的随机应变来面对新情况。在私人或职场关系中，他们会允许对方出现变化，从而改变合作、友谊或爱情的最初特征。

镇定自若帮助我们以一种放松的方式看待人和事，对自己微笑，对我们荒谬的欲望和行为一笑置之。鼓吹自己身上发现的任何不完美和夸张之处，通常都是由健康的幽默感培育出来的。胡贝图斯·特伦巴赫（Hubertus Tellenbach）在幽默中看到了镇定的等价物；它与紧张和僵化完全相反。幽默也改变了我们看待现实的方式。我们意识到自己的重要职责和任务却不受其困扰，我们也能够预测未来的事件而不被其严重性所束缚。我们能够凌驾于生活之上，以一种几乎无法抑制的轻松心态，优雅而从容地面对即将到来的变化。幽默消除了紧张和僵化，使我们用新的眼光看待事物，从而揭示了人类行为开放的可能性和不可避免的后果。即使它助长人们对所谓的"重大事件"采取一种戏谑的态度，还有助于我们在人和事面前恢复一种不假思索、慷慨的自发性，幽默也无法使我们逃避做出艰难决定的义务。恰恰相反，它"解放了僵化的灵魂，驱散了使人们对责任视而不见的朦胧"。[1]

在极端情况下，决策时刻的重要性是显而易见的。布鲁诺·贝特尔海姆（Bruno Bettelheim）认为，在危及生命的情况下，生存的最佳

---

[1] 特伦巴赫，《现实、喜剧和幽默》（*La réalité, le comique et l'humour*）。

机会是评估并接受现实，但不受现实的压迫。决定抛弃一切，面对不确定的未来，需要充分准备好抛弃所有的物质财富，面对经济上的不安全感，需要通过对家人和朋友的情感依恋来获得安全感。完整的人面对自己的现实，不歪曲现实，不被现实拖垮，并根据自己的内在力量、个人信念和独立的思想采取适当的行动。[1]在这里，我们也有能力不依赖任何外在的好处，而是依赖于自己和未来事件的自然转折。拉乌尔·希尔伯格（Raoul Hilberg）对大屠杀幸存者心理过程的研究与贝特尔海姆分析的结论相一致。幸存者——那些从戒备森严的地区逃跑、从火车上跳下或潜入冰水以避免被杀害的人——对自己的实际情况持现实态度，能够通过立即做出决定、评估和接受自己行动的可预见风险并牢牢抓住"生存的绝对决心"来应对机遇。[2]

幸运的是，在当今时代，我们大多数人不需要在这样极端的条件下求生存。然而，对我们的真实情况做出清醒的评估，同时以信任和轻松的态度超越现实的能力，有助于我们实现自主思考，敢于冒险行动，在某一时刻大胆摆脱我们的日复一日的惯性生活。这一非凡的时刻便是下一章的主题。

---

[1] 贝特尔海姆，《明智的心》（*The Informed Heart*）。

[2] 希尔伯格，《肇事者、受害者、旁观者》（*Perpetrators, Victims, Bystanders*）。在乔治·克莱因对其大胆逃跑的描述中，可以找到对希尔伯格观点的具体证实。参见其著作《面对大屠杀》（*Confronting the Holocaust*）。

CHAPTER TWO

脱离惯性的生活，
成为自己命运的工匠

各人要察验自己，看清自己是否认识自己内心的善，那感动和充满心灵的善，那让我们为之而活的善。

——索伦·克尔凯郭尔

兹齐斯瓦夫·纳伊德（Zdzislaw Najder）在他为作家约瑟夫·康拉德（Joseph Conrad）所写的传记中做了如下总结：

"人……是环境的产物和受害者。"康拉德在他的一部作品中写道。他自己也不例外，但他一生都在努力摆脱环境的力量。他不断地改变自己的决定，至少五次突然改变自己的人生轨迹：离开波兰；离开法国；去往非洲；开始写作；结婚。在每一种情况下，他都是被迫逃避环境的压力，而且也很容易。事实证明，在每一种情况下，逃避都是不现实的，因为只有在对曾经选择的目标始终如一的追求中，才能找到掌握命运的感觉。①

晚些时候，少尉小劳伦斯·J.弗兰克斯（Lawrence J. Franks Jr）专心致志于他曾经选定的目标，并以坚决的姿态，最终达到了他的期

---

① 纳伊德，《约瑟夫·康拉德》（*Joseph Conrad*）。

望。2008年，他从著名的西点军校毕业后，注定要走上辉煌的军事生涯。他被派往纽约州的一个军事基地，让他非常后悔的是，他在那里只能做一份枯燥的文书工作。待在这个军事基地意味着日复一日悲惨地例行公事。渴望被调到战区的他有严重的抑郁症和自杀的念头。他想摆脱让他沮丧和毫无意义的环境，但却不想摆脱严酷的军事生活、纪律和责任，他觉得自己命中注定并满怀激情地致力于此。一天他离开了基地，登上飞机，在巴黎着陆，加入了法国外籍军团。在非洲，有了新身份的他再一次感到自己前途光明，他的生活有了意义，他的抑郁也逐渐消失了。在外国雇佣军部队中快乐地服役五年后，他回到了美国军队，等待他的是当逃兵的后果。[1]

文学为我们提供了许多个人对自身生活方式不满，并努力创造新的生存方式的例子。在《红与黑》中，司汤达描绘了一幅人类渴望改变人生的著名肖像。于连·索雷尔是一个有着很高社会抱负的农村男孩，他决心尽其所能远离他的乡土环境，以获得名誉、财富和地位。步步为营的他最终的悲剧不是因为缺乏专注和智慧，而是因为他对融入新社会秩序的执着渴望和他深度真实情感之间的矛盾。在托尔斯泰的《战争与和平》一书中，皮埃尔·别祖霍夫也决定摆脱舒适的生活，参加保卫莫斯科抵御法国军队入侵的战斗。目睹了社会的罪恶和腐败的他先是加入了共济会，并把注意力和精力放在最终实现他的崇

---

[1] 赖特曼，《好士兵》（*The Good Soldier*）。

高目标和理想上。然而，这些都太抽象和遥远，无法触动他，因此让他感到不满和不安。只有参军，他才能满足自己做一些具体而有意义的事情的持久需要。

还有许多其他知名或不知名的人也取得了类似的成就。他们试图离开他们碰巧所处的实际生活条件，寻求一次命运的转机。他们是否仅仅遵循由社会决定的模式取决于他们是否有能力以自身独立规划的努力反对外部强加的道路。他们在这方面是否成功，要看他们有没有改变的热情，有没有按照自己的感受去行动、把自己从现实环境的束缚中解放出来的渴望和勇气。贫穷和苦难是主要的限制因素。但是，如果一个富有的人充满了安全感和持久稳定感，那么他对家庭、工作或社会地位的胆怯依恋也会导致他无法采取主动和冒险行动。它会产生一种阻碍力量，把"行动的能力转变为逃避行动的手段"。[①]

---

① 克尔凯郭尔，《当下时代》（ *The Present Age* ）。

脱离惯性生活的行为

　　脱离就是摆脱一种存在形式，从特定的社会文化条件出发，采取一种新的存在形式。这是一种给人的生活带来改变的决策行为。这种变化可能包括社会角色和相应活动的暂时中断，也可能是与习惯性生活方式的彻底决裂。它可能意味着离开一个特定的环境，或者待在同一个地方，但一个人的生活态度有转变。它可能导致开启一种新的生活方式，一种新的职业，或一个新的关系网。创造、改变或结束人际关系——以社区交往、结婚、离婚、友谊或伙伴关系的形式——往往会使人们的生活或多或少地发生变化。因为有不同的方式来实现改变，也有不同的条件来导致中断。有些变化需要持续的努力来克服困难和障碍，有些则不需要努力。有些可能是在偶然诱发的自发反应之后立即发生的；有些可能是在长时间仔细权衡各种可能性之后发生的。在考察那些最显著的特征之前，我们先来关注从一种特定的存在形式中挣脱出来的行为的本质特征。

重要的是，一个人的生活不会照旧。它在时间上的展开有一个突破口。宣称"从现在起，情况将大有不同""我要放弃我的职业"或"我要摆脱令人窒息的婚姻纽带"的决定，将一个人的成长分为两个阶段：之前和之后。我们也已经看到，在做出决定的时刻，各种排他性的可能性陆续出现。一个人要么坚持习惯性的生活方式，要么拒绝它，转而开始不同的新生活方式。决策在时间上的"无法回头的点"取决于具体生活环境的压力程度。对于那些决定远离战争或压迫性的政治或经济环境的人来说，往往有一个必须抓住的最佳时机。离开不利的职业或个人环境的可能性可能会持续更长一段时间。尽管过去（就像我以前的生活）和未来（就像我从今以后要过的生活）或多或少都会对人产生持续的影响，但现在（现在我来引入变化）被认为是最重要的时间维度。然而，在做出决定的时刻，过去和未来的存在仍然含蓄而影响深远；它们各自的重量和纹理不会消失。它们的价值是根据决定本身和随后的行动来评价的。如果"现在"是突出的，那么它也包括对过去和未来的补充性而又互相对立的评价，这些评价在整体上被看作先前和随后可能的生命史。

新的存在形式要么涉及改变人在世界中的存在方式和行为方式，要么涉及进入一个不同的世界。在这里，世界被理解为一个有组织的环境，其中，有生命和没生命的现实具有一定的意义。意义是由行动者、回应者、提问者、理解者共同创造和认可的。正如罗伯特·斯派曼所指出的，"世界表现为对我们有作用的事物：事物因我们对它的兴趣而变得有意义。"[①]换句话说，世界是由我们赋予地方、人物、行为和事件的一系列意义所组成的。我们不仅对饮食和休息感兴趣，对友谊和爱情，对美丽的事物也感兴趣。在特定的环境中，我们的动作和感觉首先与事物和人建立起直接的、前概念的联系，而我们的反思和意识关系则建立在这些基本的、非反思的联系之上。把人包含在一个意义的网络中的世界，是通过行动和对行动的反应而形成和改变的。它是一个动态的和不断变化的现实，在时间上延伸，并被持久和短暂的经验和事件打断。因此，对一个人来说，世界是由一系列未来的可能性、现时的活动和过去的成就组成的。例如，一个医学生的世界是从申请进入一个教育机构的那一刻开始，直到他与学习、研究和课外活动作别的那一刻。这个世界包括教授、医生、管理员、同学和队友；课程和考试；图书馆、实验室、教室、医院、机构和休闲活动场所；有用和无用的物体。这些及其他各种各样的现实，在它们错综复杂的关系中，形成了一个复杂的人际关系网络。[②]

　　虽然世界呈现出一些看似稳定的语言、社会、文化特征和物质恒常性，但它实际上是一个流动的、多变的现实。由于决策和选择以及经验和事件的发生，世界正在经历转变。事件是客观的非个人的环境变化；城市修路，森林被毁，冬天来临。经历是影响我们个人发展的

---

① 斯派曼，《人类本性》（*Human Nature*）。

② 关于世界的人类学概念，参见黑夫纳的《哲学人类学》（*Philosophische Anthropologie*）。

根本性转变：失业或丧偶。我们可以防止事件侵袭，但经历的确会影响到我们。当然，一个事件，比如森林突然失火，导致我的房子被烧毁，可以成为一种经历，因此可以强烈地影响到我。事件和经历都会对我们生活和行动的世界产生持久或短暂的影响。①

　　一方面，我们同时生活在围绕着我们的个人、职业、艺术或休闲活动和兴趣而创造和发展的几个亚世界中。例如，医学生积极参加体育活动，为自己开启了一个亚世界。为了充分进入这些亚世界，我们就调整我们的语言、态度和身体行动适应当前的要求。我们都有特定的、不可互换的亚世界。随后的决定和生活经历开启并改变了这些亚世界之间的关系以及它们之间的相对重要性。我们的整个亚世界存在于我们生活和行动的特定地点和时间。尽管我们的职业和私人生活条件表面上是稳定的，但它或多或少会经历一场彻底的改造。如果我们能够将自己置身于另一个人的一个亚世界中，在其中采取行动，并认识到这个亚世界在他一次重要经历中的角色，我们就能够了解和理解这个人。

　　另一方面，我们能够抛下我们所有的亚世界，为了主动创建一个全新的关系网络，去参与新的活动。我们可以把精力用于治愈遥远国度的病患，或用于教育和帮助我们国家的穷人。因此，根据新的原则、价值观和愿望开展活动并建立人际关系网络，便相当于我们生活

---

① 施特劳斯，《事件和经验》（*Event and Experience*）。

在一个新的世界中了。在脱离生活的惯性日常行为之前，我们会做好评估行为。太过习惯眼前世界和相应的惯性行为会引发人们对生活在不同世界的渴望。对这两个世界的评估是根据对我们生活意义的明确或隐含的审视来进行的。关于生活意义的问题是一个实际的问题；它帮助我们清醒地旁观我们的生活状况，并根据我们过去的成就和未来的可能性来评估它们。我们与当下的世界拉开距离，在其中看到了它是如何形成，以及如何被另一个仍然模糊、不确定和不真实的世界取代的。

那些走上逃离极权政权国家之路的人，只能留下他们已经习惯的东西，以及他们认为不足以或不能接受的东西。他们希望得到在他们看来更可取的东西。他们从一个熟悉但不良的世界中挣脱出来，以获得一个看似更好的或者是一个更可接受的世界。"更好的"和"更可接受的"是具有激励意义的价值观，这也构成了一种全球性的、鼓舞人心的意义，并促使人们下定决心摆脱自己的家乡、工作或亲友网。当前所相信的价值观促使人们采取果断行动，不仅有助于重新评估过去人际关系和社交活动的重要性以及生命意义，而且有助于确定未来可能把握住或未触及的各种可能性。是否能达到预期的目的地还不确定，那些被实际把握住的、更可取的可能性是否最终会带来令他们满意的生活，还有待观察。因此，个体体验到一种既有吸引力又有排斥力的焦虑感。但是，如果这些可能性看起来足够吸引人，它们就会提供强大的动力，促使你勇敢地下定决心，摆脱当前的状况，在一个不同的未来世界里开始一种新的生活形式。

人们可能会逐渐改变他们对各种社交活动和人际关系的态度，从而使自己远离既定的生活方式。他们在工作上投入的精力较少，对邻居表现出明显的冷淡。与此同时，对这些人来说，世界正在逐步经历一场变革，而这场变革反过来又加强了他们与旧生活方式的决裂。但是很明显，当人们越过危险的边界，离开令人软弱和压抑的环境时，变化便是突如其来的。成功地到达目的地会给他们带来一种解放的感觉，一种内在的解脱感，让他们能够接受新的可能性，并以信心和新的生命能量去期待一个未知的未来。

脱离惯性生活的行为说明了人的根本愿望是成为命运的工匠，而不是被命运所束缚。尤金·闵可夫斯基（Eugène Minkowski）敏锐地观察到，命运与个人决定密切相关，也包括天意由外部影响、人际关系和意外事件所塑造的生命历程。①虽然我积极地投身于那些构成我命运的经历中，但我却受制于天意。对我的存在来说，命运是内在的，而天意是外在的；命运取决于我的参与，而天意只是降临在我身上。命运有很多可供选择的道路，但天意却把我带进了生命之河。命运突出了由行动、阻碍和紧急情况在现实中创造、经历和塑造的一种存在。我们注意到有一种命运尽管经历了耽延、危机和缓慢的进程，却处于积极的形成过程中，而且还远未完成。当我们谈论天意时，我

---

① 闵可夫斯基，《命运的工匠》（*L'homme artisan de sa destinée*）。

们通常指的是过去的所得和已成定数的事情。我们似乎别无选择，只能接受天意，接受它为我们安排的一切。我们直接接触的环境和更外部的大环境，以及我们的一些决策和行动，已决定了命运的走向。我们会因此不可避免地感到压抑和麻木。天意的打击甚至会压垮我们，我们无法影响天意的骰子，它独立于我们而存在。但是，尽管家庭和环境对我们有决定性的影响，但我们对自己的命运有一定的控制力；我们能够通过对自己惯常的道路做出决定，将其引向新的方向，并将其与新的价值观和原则联系起来。我不仅可以脱离既定的命运，我还可以重新塑造它，成为它的工匠。

马克斯·舍勒提出了一个类似的区别：天意是"要被控制的东西"，而命运是一个关乎洞察力和决策的问题。一个人完全可以"最大程度地偏离自己的命运"。①每个人都要独自决定自己的人生道路，也许他人更能充分地指出我需要什么来塑造我的命运。这个人可以给我建议，帮助我发现和加强我的能力，或建议我如何和何时脱离我目前的环境。我们将在下一章看到，榜样是一个向导，它经常帮助我们听到自身使命和命运的召唤。舍勒还设想了一种由共同工作和生活的个体共享的命运。他们分担着相互帮助的共同责任，成为共同命运的创造者。成为命运工匠的概念包括承认通过集体行动塑造社群未来的责任。换句话说，集体责任感和个人责任感对于决定命运的努力同样重要。

---

① 舍勒，《爱的秩序》(*Ordo Amoris*)。

脱离惯性生活的方式

改变一个人的生活最明显的方式是离开一个地方——一个村庄，一个城市，或一个国家——一个曾在那里生活过并形成的完整世界。从古时起，人们就会收拾行李，迁移到新的目的地，既有远方也有近处。有时，在极端情况下，当个人需要脱离危险或不利的生活条件时，他们宁可只带上最少量的财产或者什么都不带。近年来，成千上万的难民冒着生命危险，试图越过大海进入外国领土，他们往往乘坐不稳定、拥挤不堪的船只。这个决定可能是瞬间做出的，也可能是经过数月精心策划后做出的。但在许多情况下，它需要坚定的决心，离开熟悉的环境，冒着新的风险，克服重大阻碍。

有关居住、通信或工作的外部环境变化促使人们采取了一种新的生活形式。人们迁移到不同的农村或城市结构中，并使他们的生活方式适应不同的气候条件。当改变需要学习一门与母语完全不同的新外语时，就会出现更严重的脱离。但是，即使是一个说同一种语言的新社会环境，也可能出现不同的习语和方言，需要新来者学习当地的表达方式和词汇。此外，当地习俗可能需要我们熟练地调整与周围同伴和自然环境的互动方式。问候、表达内心的心情、交谈、提出要求，以及许多其他活动都需要对自己的行为进行精细的调整。

移民无疑是离开熟悉环境的一种最颠覆的方式，这也是我们这个时代一个复杂的社会问题；它由各种各样的价值观、文化观念、动机和行为所塑造和影响。我们不可能分析群体和个人迁移的所有重要方面。移民通常被定义为从母国到东道国的永久性迁移。但也有回迁或循环迁移：移居者在东道国长期居住后，返回自己的母国，或频繁地在两国之间往返。但无论如何，总有那么一刻，移民会决定永久地从他们曾经惯有的环境中脱离出来。

我们将看到，促使移民采取这一决定的动机是多种多样的。数百万人被迫离开家园；他们面临失业、贫困、饥荒、气候条件变化或种族间的紧张局势。迫害、战争、政治压迫或其他不利的社会和经济条件也可能触发他们的移民旅程。我已经说过，有些人的这一旅程充满了危险，他们可能永远也到不了目的地。另一些人或多或少满足于他们目前的生活条件，但还是决定寻求更好的经济、教育和文化。工作或住房机会改善的前景也可能会促使人们离开他们的亲戚、朋友、同事和邻居。有些人出于好奇心去到一个遥远的地方：他们想体验一种完全不同的生活方式，一种新的自然环境以及另一种文化和社会背景。不过人们可能会在邂逅某人或接到意外来电或一次约会后，甚至在收到错误的信息后移民。这些人对自己的行为有多大的控制力？他们的迁移是有意识决定的结果吗？他们此举仅仅是被当前的生活环境所迫，还是慎重地考虑了离开或留下的可能性？这个决定会深刻地改变他们的生活方式，还是仅会带来环境和背景的轻微改变？

在我看来，这种脱离的行为是一种有意识地决定进入一个新世界的结果，这个世界逐渐变得复杂和广泛。一个人可以自由地做决定，不受人类秩序或外部物质约束的强迫而行动。尽管对一些人来说，移民的动机相当复杂，而且并不总是很明确，但也有一些人完全清楚自己决定离开的唯一原因。人类学研究将移民定义为"个体为了追求更有意义的生活而有意识地改变自身处境的过程"。[1]罗伯特·V.坎佩尔（Robert V. Kemper）在他对传统农村辛祖坦村民外迁的经典研究中表明，"移民不是被非个人的经济和政治力量所驱使的被动卒子"。他们是塑造自己命运的积极因素，进而也塑造了当代墨西哥的命运。[2]移民们将前往一个遥远的异国目的地，开始按照新的价值观和社会角色生活，接受新的世界观，建立新的社会关系网络。或者他们会自愿决定离开家园，但继续从事自己原来的职业，并在新的、不同的社会、政治和文化环境中仍然保持旧的习惯和熟悉的关系。在这两种情况下，移民都在他们迁居前和迁居后的生活之间建立了明确而彻底的区别。他们真

---

① 格梅尔希（Gmelch）、坎佩尔以及岑纳（Zenner）合编的《城市生活》（*Urban Life*）。

② 坎佩尔，《移民和适应》（*Migration and Adaptation*）。

正地摆脱了生活中许多决定性的因素。虽然音乐家或厨师可能在一个遥远的地方有着相似的工作条件，但加入一个新管弦乐队或在一家新餐馆工作的决定仍然会对他们的职业观或工作方式产生重大影响。相反，他们可能会坚持来源于自身长期从业实践的职业观，又随时准备把这种观点应用到一个完全不同的工作环境中去。

而归信是信仰和态度的另一种可辨别的变化，它深刻地影响着一个人在世界上的生活取向，以及他或她的内在自我。这里的重点不是流动性或外部可感知的行为，而是采用新的原则和价值观，塑造人的思想、信仰、行动和关系，并引起人们世界观的重大转变。马克斯·舍勒在他关于忏悔和重生的文章中谈到了一种改变，这种改变始于良好的决心，经历了一次"深刻的世界观转变"，最终是一场"真正的世界观转变"。后者是一种重生，不仅影响一个人的行为，而且影响这个人的整个生命。人的"精神内核"是一切道德行为的根本，它经历着深刻的变化，并在行为中找到表达自己的方式。[①]

舍勒首先追问过去的恶行是否可以被抵消，相应的罪恶感是否可以被抹去，从而得出了他的忏悔与重生的理论。舍勒把发生自然事件的客观时间和个人存在的时刻相继人类时间区分开来。客观时间是一维的、单向的连续体；它就像一条河流，只向前流，绝不允许回到从前。在客观时间流中，很明显过去是不可能改变的。但在人类时间的每一刻，整个生命都在当下，我们能够回到过去。我们无法改变我们

————
① 舍勒，《忏悔与重生》(*Repentance and Rebirth*)。

行为的物理效果，但我们总是处于改变其意义和价值的过程中。忏悔是我们重新评价过去的道德行为，赋予其新的标杆和价值，并重新塑造自身行为的途径。与此同时，我们能够消除内心的罪恶感，通过从"过去的既定影响"中解脱出来，给我们的生活带来根本的改变。因此，忏悔不仅仅是对过去的认识和重新评价；同时它也是一种解放的行为，通过这种行为，我们能够提升到更高的生存层面。[1] 舍勒对忏悔的分析可以放在他的模范人物哲学的语境中。有益的忏悔性自我反省可以从一个榜样开始，这个榜样激励我们重新评估我们的过去，并为自我实现做出更彻底的努力。模范使我们面对真实自我和理想自我之间的差异，并通过忏悔的行为引导我们上升到理想自我的高度。[2]

首先，我们必须区分宗教归信和涉及个人生活的归信。用伊夫·康格（Yves Congar）的话来说，前者"是一种我们与上帝关系的变化；因此，它意味着与上帝有关的一种积极的信念，通常情况下是对教会的信仰和生活的坚持"。[3] 后者是原则和价值的根本改变，能够指导决定和行动，并影响到人际关系、专业成就或个人利益的意义。它可能是宗教归信的结果，也可能与其无关。

我们可能会归信一种政治学说，一种哲学体系，一种精神运动，

---

① 舍勒《忏悔与重生》。

② 迪肯，《伦理的过程与永恒》（*Process and Permanence in Ethics*）。

③ 康格，《归信的思想》（The Idea of Conversion），也可见哈多的《归信》（*Conversion*），以及乌尔曼，《变形的自我》（*Ullman, The Transformed Self*）。

或一种生活方式。新的方向可能会出现在意外的启发或长时间的仔细反思之后。一个影响深远且大胆的决定可以依靠我们的正义感，而不需要非常仔细的理性或务实的考虑，例如在我们听演讲或看书的时候。或者可能是在生病期间，也可能是在去国外旅游的时候，我们会清晰地意识到一种不自在的感觉。在这个决定性的时刻，我们说："我不想再这样生活了，这是我人生的新方向。"这是一个让人欢欣鼓舞的时刻，它让我们意识到，我们并不完全被过去所决定，我们有能力成为自己未来命运的工匠。当我们克服了普遍的价值观、习惯或生活目标所带来的阻力，准备好遵循将我们生活的各个方面结合在一起的统一的新原则时，我们产生的开始新生活的愿望就会得到满足。

在战争或和平时期，军人和政治人物可能改变他们的政治或军事拥护对象，并真正地承担起新的事业和目标。经过长时间对其他选择的质疑和考虑后，更新的理想和价值很快成为他们行动的思想源泉。这些受人尊敬的新理想使他们意识到他们真正相信什么，什么是真正值得为之而活的。有些人通过逐渐了解一种文化而受到启发，包括其精神和艺术传统、宗教习俗、建筑或音乐。也有一些人被狂热的领袖所控制，并投身于破坏性的事业和暴力行为。他们也会体验到从过去的信仰中挣脱出来，为自己的存在找到新的意义的喜悦时刻。狂热者受一种中心思想或学说的指导，这种思想或学说与个人或团体有关，其实应该能消除某种缺陷，并带来一种理想的完美状态。人们对这一想法有一种情感上的依恋，以至于排除了对其真理价值的任何质疑或批判性思考。盲目的狂热者只关心不加批判的观点或半真半假的假设。狂热主义也类似于偏执，因为两种思维方式都缺乏理解其信仰的负面后果的敏感性和想象力。宗教或道德上的归信与狂热地坚持某一特定之事中间的区别在于前者倾向于真理，而后者公然无视真理，无视不尊重真理所造成的可怕后果。狂热的人坚信他们的信仰不容任何合理的怀疑和任何批判性的评价，他们准备使用语言或身体暴力来改变或攻击所有那些敢于以批判精神面对他们的人。他们以此拒绝对他们行为追加的限制。

在归信的各种经历中，无论是宗教的还是道德的，都有一种向比自己更强大的力量投降的行为。在宗教归信中，这种力量是超然无形的上帝，它以一种不可抗拒的力量呼唤生命的重新定位。许多归信者深信上帝确实是他们宗教归信的决定性和直接原因。在道德归信中，一种理想、一种传统或一套道德或美学价值会对人产生巨大的影响。

归信可能发生在个人危机时期或危机解决之后。环境的改变和相应的无归属感往往会引起剧变和不稳定的经历。从人生的一个阶段过渡到另一个阶段，会造成深刻的干扰，并促使一些人修正他们日常行为的指导原则。因此，归信包括从一种社会建议或强加的行为和价值观转回到一个人的内在，回到一个人认为的内在和真实的自我。回归到一个人的内在自我和最深处的欲望组成一个新生活开始的时刻，它重新评估过去的成就和获得，并采用一种完全不同的生活方式。这一变化可能意味着从一个特定的社会环境中离开，努力进入一个新的社群环境。它可能包括放弃世俗的要求和依恋，转向思想、理想和精神价值。这就是柏拉图在《理想国》中著名的说法——整个灵魂的转变。①"灵魂的转变"可能影响一个人一生具体的方向：一个人在世界上的生活工作和活动的方式。一个人的信仰和信念还有另一种修正，尽管这种修正在这个人的外在行为中不易察觉。当人们突然决定用一种人生观来代替另一种人生观时，就像从一场大病中康复后可能发生的那样，他们的日常活动可能还是一样的，但自我经历了显著的转变。可以肯定的是，一个行业或一个社会的成文或不成文的规则会继续影响着他们的活动。但是，在这些人周围会创造出相对于这些规则的自由氛围，以及看待一个人一生的不同视角，所有与他们有更密切接触的人都能敏锐地感受到这种更新的氛围。

移民和归信为彻底地脱离一种生活方式提供了机会；大多数移民和归信者与他们的过去进行了不可逆转的决裂。还有其他形式的分裂可以让个人暂时从他们的环境中解脱出来。艺术提供了一种富有成效的、短暂的脱离环境的方式。艺术家们在生活中面对"沉默的阴谋"时，他们能够保持对想象活动的热情依恋。有一些小说家不仅超越了他们所处的残酷冷漠的社会环境，而且还描绘出充满活力、智慧或幽默的人物，他们战胜了悲惨的命运，能够自由选择他们"失败的意义"。他们的艺术也帮助读者面对自己的悲剧。聪明的作家也提出了一项新的调查，调查人们在新的和不熟悉的环境中对变化的生活条件

①　柏拉图，《理想国》（*Republic*）。

的反应。

　　文学作品或音乐作品往往不能反映作家或作曲家生活和创作的普遍条件。当艺术家面对的具体环境严峻的时候，创作的作品可能传达了一种乐观和内心的力量。由于身患绝症，弗朗茨·舒伯特（Franz Schubert）在生命的最后几周创作了C大调弦乐五重奏等天籁之音。这部杰作并没有暗示他即将死去。舒伯特的创造力使其获得了一种崇高的力量，使他摆脱了绝望的命运。作曲家拉斯洛·洛伊陶（László Lajtha）被匈牙利极权主义政权视为威胁，1949年从英国回国后，他被剥夺了所有的工作。他在给儿子的信中写道："就像在镇上一样，我有一间属于我而且只属于我的房间，所以我的灵魂里有一间属于我自己的密室。它与现实无关，却更真实。"尽管对入不敷出的担忧和对生活的焦虑让他心力交瘁，但他的第四交响曲《春天》充满了生活的欢乐、魅力和幸福。作曲是一种可以自由选择的方法，它可以使人们远离凄凉而又不利的现实，同时，让乐曲中的内涵触及他的听众，把他自己融入听众的生命中去。[1]一位和洛伊陶一起在偏远村庄收集

---

[1] 洛伊陶写给其子的信创作于1952年12月16日。参见罗伯特·R.赖利关于洛伊陶创作独立性的优秀文章《拉斯洛·洛伊陶：来自密室的音乐》（*László Lajtha: Music from a Secret Room*）。安东尼·斯托尔以《天才学派》（*The School of Genius*）为题，首次出版了一本以"孤独"为主题的书，书中展示了富有创造力的人如何与他们的社会环境保持距离，并退回到幻想的内心世界。参见《孤独》（*Solitude*）。另见斯坦纳在《创造的语法》（*Grammars of Creation*）中对社会和政治限制造成的孤独的反思。

民歌的合作者认为，如果他留在英国，而不是回到他那单调、灰暗的祖国，他会写出大量出色的交响曲，而人们正逐渐认识到这些交响曲的高级艺术品质。尽管总是存在争议，但这句话似乎适用于许多有创造力的艺术家。人们可能会争辩说，不良的生活条件、冷漠或严厉的批评迟早会使一个有创造力的人沉默。但我想说的是，不利的甚至是有抑制作用的外部环境，往往构成一种有益的激励，促使向内静修，激发人的创造性活动。

当作家或作曲家面对不可避免的无视或轻视的批评时，翻译或改编也为他们提供了一个安全的庇护所。翻译一部小说或改编一部交响乐，就是与另一位作者的作品建立起一种亲密的关系，并保持一种独立于外部世界的状态。那些创造者或再创造者可能会建立起一个内心世界，在这个世界里他们找到秩序和意义。这个世界可能是对社会认可或亲密关系的缺失的一种补偿。

艺术家们，不管是必须忍受压力，还是仅仅要远离困境，都不是唯一退回到自己内心世界的人。一些人在列宁格勒围城战最艰难的时期写日记，以克服他们那令人崩溃的孤立感。正如围城幸存者莉迪亚·金兹伯格（Lidiia Ginzburg）简洁地表达的那样，"描写圈子就是打破圈子"。[①] 监禁要求犯人适应单调的环境和使人衰弱的日常生活，常常会带来有害的影响。对一些人来说，身体的适应能力不足以承受由隔离、营养不良、感觉剥夺和野蛮对待所带来的痛苦。一些囚犯独

① 佩里，《内部战争》（*Peri The War Within*）。

自待在牢房里，忍受着最严重的折磨和忧虑，被剥夺了外界刺激的他们使用各种技巧来保持精神上的警觉：背诵或翻译诗歌，翻看乐谱，或建造和参观想象中的房屋和街道，会见住在那里的人们。①每当暴风雪时，英国文学教授巫宁坤就会从莎士比亚的《哈姆雷特》中找到精神力量。他摆脱了繁重的劳动和纠正教育的威胁，克服了自己的无助状态，生存了下来，最重要的是，他理解了自己的痛苦，重新确立了自己的道德立场。②

与朱尔根·莫特曼（Jürgen Moltmann）关于把自己从更重要、更紧迫的社会问题中解脱出来的后果的观点相反，转向"自由的内在空间"并不一定意味着轻视或忽视外部世界或对日常生活中的忧虑和痛苦。③这并不一定导致对社会条件漠不关心的态度。搬到郊区，住在一个舒适而相对偏僻的房子里，确实可能会导致对市中心居住区的忽视。但是，与外界保持距离、建立内心世界的强烈愿望，不仅培养了依靠个人良知和判断力的坚定决心，也培养了创作具有持久价值的艺术或科学作品的能力，从而丰富了许多人的生命。

在这里，自由可以理解为两种行为：一种是使自己远离特定条件的行为；另一种是通过完成有价值的目标而对自己认为是本质的善做出严肃承诺的行为。退入"内心堡垒"并不是一种从欲望或恐惧中解

---

① 参见斯托尔在《孤独》（*Solitude*）中所举的诸多例子。

② 巫宁坤，《一滴泪》（*A Single Tear*）。

③ 莫特曼，《人》（*Man*）。

脱出来的形式，也不是一种通过放弃自己不能拥有的东西来维护自身消极自由的努力。它不仅仅是一种通过自我克制来寻求安全与宁静的尝试，它还是一种对连贯性和意义的积极探索，促进与一个人内心深处的接触，并最终达到理想中的自我理解。这是一种内在自由的体验，允许一个人独自面对根本的终极问题，暂时回避无关紧要的问题。

摆脱惯性生活的动机和条件

　　是什么促使人们离开他们习惯的环境去一个新的地方？是什么激发并坚定了他们的决心，使他们与惯常的生活方式彻底决裂，把他们从自己的社群中连根拔起？是什么驱使人们经历一个重新定位的激烈时刻，将他们的整个存在引向不同的信仰或新的生活指导原则？

　　有许多不同的动机和诉求，促使人们摆脱过去的支配，设想一种新的生活习惯。这里不可能一一提及。人们彻底脱离环境的主要原因之一是感到不满。现实中令人不满的生活条件、教育机会、社会观念或亲密关系都可能会促使他们决定离开。上述种种可能之所以会持续存在，可能是因为它们所施加的各种限制以及它们所引发的行为的一致性。显然，在一个地方缺乏足够的食物、适当的住房或现有的工作机会，是离开的强烈动机。或者同样的沉闷环境可能会带来单调的生活方式，没有新的挑战，也没有主动和冒险的空间。无数的年轻男女为了追求更好的工作和更令人兴奋的生活，离开了他们出生的环境。

让我们想象一下，一个人日复一日，在同样的时间、社会和工作环境中进行着同样的活动，或者在农场或工厂里进行的工作太统一，太机械，不能引发欲望或主动性。它缺乏新奇和冒险的外部刺激，无法打破日常生活的单调，无法引起强烈的感情和新鲜的、富有想象力的渴望。在这种单调的环境下，一个人的精神会因没有新的未来可能性而逐渐崩溃和陷入绝望。

克尔凯郭尔在分析绝望的形式及其具体原因时，给读者带来了一种具体的、能引起共鸣的身体体验。他将人格定义为未来可能性和过去必然性的综合体，并将其在时间上的持续存在比作"呼吸，即吸入和呼出"。呼吸的行为发生在当下，通过行动，特定的可能性变成现实，现实最终变成生活的必需品。对于因缺氧而窒息的人来说，帮助他苏醒过来的有效药物显然是大量的氧气。可能性对整个人的意义就像氧气对人体呼吸系统的意义一样。[1]通过这幅生动的图画，克尔凯郭尔让我们注意到人类存在的时间性这一人类学的基本真理：如果剥夺了未来所有的可能性，人类的生活是无法忍受的。当个人再也无法保持或形成人际联系，或者当他们经历了与环境的完全隔离和疏远，每天都更加死寂时，似乎放弃一种被剥夺了所有可能性的生活几乎是必然的。但是，从一个令人窒息的世界中挣脱出来的行为，是一个人试图恢复生活中其他不同可能性的最后尝试。无论这些可能性多么模

---

[1] 克尔凯郭尔，《致死的疾病》(*The Sickness unto Death*)。

糊，微弱的闪光都可能会激发一个足够勇敢的人开始新的生活，在做出决定的时刻，接受新的方向和目标。

无聊是一种绝望的形式，它以一种独特的方式来体验时间。当我们感到无聊时，时间的进程似乎会减慢或停滞不前：未来不再引入新的目标，过去不再带来足以推动我们走向激动人心的前方。正因为如此，时间——连同它贫瘠而封闭的未来、陈腐而无关紧要的过去和沉闷的现在——成为我们关注的对象。一段无聊的时间看起来乏味而毫无意义，我们开始痛苦地意识到这种缓慢且持续的时间，使得周围的事物无法吸引我们，而我们渴望遇到令人鼓舞之物的愿望也没有得到满足。因此，无聊在一定程度上取决于我们在环境中遇到的东西。当单调的风景或平静的大海不能引起我们的兴趣和好奇心时，陆地的千篇一律和水的静止把我们带回了一种感到空虚和静止的时间，此时旅行就是无聊的。但是，我们内在的丰满能力赋予我们世界的元素以意义和生命力，并预示着一个充满多样性和变化的未来；另一方面，当我们被冷漠、厌世和烦躁所困扰时，我们周围的一切看起来都沉闷而乏味，仿佛未来空手而来。①

当周围荒凉的环境让我们重新意识到空虚的时间时，我们又把自

---

① 关于与过去时间相关的无聊经历，请参阅威廉·约瑟夫·里弗斯的（*Die Langweile-Krose and Kriterium des Menschseins*）。另见斯文森的《无聊的哲学》（*A Philosophy of Boredom*）以及金威尔最近对以无聊为主题的文学作品《赞美无聊》（*In Praise of Boredom*）的部分概述。

己带回了空虚的不安当中。但是，我们内心的空虚感（至少在某种程度上）也是由于我们的想象力枯竭造成的。在无聊的状态下，我们不仅失去了与世界的经验联系，也无法用想象的可能性来丰富这个世界。我们认为有一个不可改变的现实：世界上似乎没有什么东西会受到即将到来的变化的影响，也没有什么东西会对我们的思想和想象产生新的要求。我们无法赋予它们新的意义，无法用新的眼光来看待它们，无法看到它们潜在的发展、修正和成长。

对布莱斯·帕斯卡（Blaise Pascal）来说，无聊感不仅仅是人类生活中的一种间歇体验，因为"人类的状态总是易变、倦怠、好奇"，[1] 还有对变化无休止的渴望，对激动人心的经历的追求。尽管欲望在每个人身上都存在，但其满足程度在每个人的人生中是不同的。帕斯卡告诉我们，当我们独处、完全休息、安静地坐在房间里、没有刺激性的活动时，无聊感就会不可避免地袭击我们。当我们发现自己处于一种被迫的孤独状态，与世界的其他部分隔绝，我们必然会思考我们自己。这种独特的遇见自我，迫使我们意识到我们根本的空虚和虚无，因此，于内心深处感到无聊、悲伤和绝望。[2] 我们无法直接理解我们的空虚和虚无，却可以在伪装的"死亡状态"下理解我们潜在的死亡。面对可怕的孤独和无精打采的沮丧，我们会做一些分散注意

---

① 帕斯卡，《思想录》（*Pensées*）。关于帕斯卡对无聊的思考的透彻分析，参见普拉格的 "Pascals Begriff des 'Ennui' und seine Bedeutung für eine medizinische Anthropologie"。
② 出处同上。

力的事情，让自己远离死亡的阴影。

在帕斯卡的冥想中，有对我们必然的不快乐和不安状态的观察，或者是对一种"无法忍受的悲伤"的逃避，这种悲伤可能以不同的形式出现："赌博、交女朋友、打架纷争、显赫的地位。"我们还会往这些事情中再加入各种各样复杂的分散注意力的活动，这些活动是今天蓬勃发展的娱乐业和旅游业催生的。数百万人投身于这些活动，唯一的目的就是逃离他们的生活、思想、重重心事和绝望的痛苦感觉。他们做各种危险、冒险和喧闹的活动，以便从日常生活中得到精神上的放松，逃避无聊的感觉。

帕斯卡的话在对照人们自发的基本娱乐活动时是准确的。在无聊的时候，基本的娱乐活动会自发地出现。我们随手把玩纸张、铅笔、硬币、钥匙和其他小物品，只是为了消磨时间，减轻我们的无聊，把注意力从我们自己身上移开。由于这些可直接触及的对象激发了我们的想象力，我们进入了一种由主动性和适应性组成的关系，并让我们在其中看到一种诱人的生命力和一系列动态的可能性，包括追求在我们的身体达到一定的高度、深度或速度时产生的有刺激性的各种可能性。极限运动使我们头晕目眩，如痴如醉，甚至是因一时失去对生命的控制而产生令人舒适的恐慌感。假面舞会、云霄飞车和旋转木马使我们与事物及其周围环境建立一种新的关系；它们提供了一种与我们的自然世界和社会世界的暂时分离，从而带来了一种从无聊中解脱的有益感觉。

然而在我看来值得注意的是，并非每一个无聊的时刻都让我们哀叹人必有一死的事实，也并非每一次用娱乐来填充时间都是为了逃避空虚感和冷漠感。只是心平气和地、不慌不乱地望着窗外，让那几分钟，甚至几小时的空白时间静静地过去，内心没有任何想法，也并不一定会使人感到绝望。我们可以用许多分散注意力的无用活动来填满我们的空闲时间，它们不会通过把我们的思想从不快乐的状态中转移出来而给我们的日常生活带来一种虚假的快乐，而有益于我们的健康和创造性的生活。毫无疑问，谈话、与朋友喝酒或看电影都是摆脱日常生活单调乏味的必要且有价值的消遣。正如约翰·伯杰（John Berger）在一篇文章中所指出的，电影把我们带到了一个未知的世界；它其实是一种暂离的旅行形式。[1]让我们全身心地投入到一项令人振奋的活动中，让我们从工作场所或家庭强加给我们的单调重复和千篇一律中解脱出来。一项艺术活动可以创造一种超脱，脱离生活的禁锢和盲目的工作惯性。正如我们将看到的，积极的音乐创作，无论是单独还是协作完成，都能使我们有机会在愉快的消遣中得到娱乐和放松；它涉及我们的智力、情感和身体的力量。要想从日复一日的单调工作中解脱出来，艺术、文学和音乐应该同睡眠、食物和水一样被认为是必不可少的。我们在小说、诗歌或奏鸣曲中寻求的是"灵魂的滋养"（怀特黑德），而不是对死亡的慰藉。的确，除了所有这些无忧

---

[1] 伯杰，《每一次我们告别》（*Every Time We Say Goodbye*）。

无虑和令人充实的时刻之外，归信开辟了各种范围更广、更多样的可能性，这些可能性的实现将大幅度地改变我们经历的时间。但是，我们从一连串枯燥乏味的事件和义务中获得的短暂休息，同样改变了我们时间体验的连续性。

帕斯卡错误地认为，人类内心深处对一致性、安静和休息的渴望，被一种追求娱乐的"秘密本能"，以及思想与行动的不一致所扰乱。显然，生活是在不同的时间以不同的方式去体验的。有时我们需要一点儿兴奋和不确定的元素，来避免一个无聊的周末。但是，我们心平气和地享受所有的休息时间、安静的独处时间，辛苦的工作和刺激的休闲活动一样，都是必要的。它们因其本身的价值而受到重视，一旦得到，它们就不会变得"令人难以忍受"。相反，一种以躁动、持续的不可预测性和持久的不确定性为特征的存在——弗里德里希·尼采称之为"一种需要永久即兴创作的生活"——可能会引发与毫无意义的无聊感同样强烈的不满感。不带偏见的观察者会发现，日常生活中的情景越像一连串的旋涡，就越需要例行公事、习惯性的、甚至是乏味的重复。有些多年来从事某种犯罪行为的人，为了暂时摆脱飘忽不定的生活方式而借助于酒精或毒品，他们的生活中可能会出现对恒常性和一致性的渴望。由于他们不可避免地成为自己行为的受害者，因此会寻求某种解脱。对某种稳定的渴望不仅来自对危险和不可预测的生活条件的认识，也来自对吸毒或犯罪行为所形成的身份和他人的对比。在这里，人们看到了犯罪生活的弊端（面临被捕、居无定所、家庭破裂、健康恶化或暴力致死的危险），并设想了传统生活的好处（牢固持久的家庭关系、稳定的工作、令人安心的日常生活、健康的生活方式）。意识到现实和未来身份之间的差异，以及与这些身份相对应的现实和可能的世界之间的差异，便产生了犯罪中止的动机。这种不满是通过传统自我的实现和对犯罪自我的具体逃避而逐渐消除的。社会关系网络的转变和新的次世界的形成进一步推动了身份的变化。①

我已经提到过，许多归信者体验到一种神圣的能动性，并以自信的行动加以回应。归信的另一个动机是一种超越自我的动机，是一个宗教团体的强烈吸引力，以及精神复兴的可能性和它的热情接纳。偶然遇到一个信徒或读到一篇神学论文也可能把一个人带进一个虔诚的团体。但是，在没有宗教信仰的情况下，也会出现对友好社群的依附。举一个著名的例子，保罗·高更（Paul Gauguin）转向绘画和他到塔希提岛的旅行是由于他的不安全感，他的孤独，以及随之而来的对新社会的盲目崇拜，在他看来，新社会给了他自由、自我表达和稳定。他期待中的满足是真实的还是想象的问题，并没有影响他摆脱那令人窒息的资产阶级生活方式和环境的愿望。尽管如此，塔希提岛的异国情调还是强烈地吸引着他，使他离开了法国，在某种程度上也抛

① 布什韦和帕特诺斯特，《犯罪中止》（*Desistance from Crime*）及《中止和恐惧的自我》（*Desistance and the'Feared Self'*）。

弃了印象派的绘画风格。[1]

人们加入各种各样的宗教、学术、艺术或政治团体，这些团体的吸引力可能和高更感受到的离开法国的号召一样强烈。这种对人类团体的忠诚所产生的问题是，现行的规章和惯例是否给新来者留下了足够的思想和行动的独立性，成员们所持有和宣传的目标在道德上是否正当。人们常常意识到，在采取激进措施的那一刻，他们并没有完全把握住团体的真正信仰、价值观和目标。

仅仅是不愿意继续在当前的社会、经济和政治条件下生活下去，就足以成为许多公民离开家乡寻找新的生活环境的强大动力。他们不会在内心世界中获得平静、快乐和灵感，也不会在团体中寻找安慰和意义，他们可能会离开自己的物质家园，却不知道自己要去哪里。他们坚决拒绝满足于现有的生活条件，这是他们获得自由的唯一动力。他们的果断行动是由他们对生活模式和对自主、自由的坚定信念之间的强烈一致感所支撑的。可以肯定的是，在做出决定之前，他们的生活和行为都和其他人一样，遵循他们社会环境的普遍规范、角色和"世界观"。在他们处理事务和关注自身日常需求的细节时，这些为他们提供了指导和相对的安全感。然而，与此同时，他们能够设想自己未来的各种可能性，并独立于社会和经济环境所附加的生活习惯和必需品来做出决定。他们从看似一成不变的生活方式中走出来，带着批

---

[1] 夏皮罗，《印象派》（*Impressionism*）。

判和评估的眼光去探索对他们来说仍然未知的世界。

出于某种类似的精神，反对甚至反抗父母的行为可能会促使一个人质疑他的"日常生活"，并离家出走。但在这里，未来的定义和前景更加清晰。孩子们想探索他们的父亲或母亲曾经错过或不敢追求的东西——也许是一条不那么赚钱但更有回报的艺术或科学之路，或者是一种在异国他乡为一个不寻常的目标而热情投入的生活方式。我认为威廉·巴雷特这句话相当正确：不遵循继承或传承下来的生命历程，必然要付出代价。

有些孩子重复父母的人生，精准地避开了他们父母走过的弯路。这样就保证了家族的连续性和稳定性。而其他少数孩子，似乎是受驱使去寻找和体验他们父母没有经历过的生活。这些发现之旅开阔了人们的视野，丰富了人们的精神。他们中的大多数人可能都失败了，但即使是成功了，他们也总是要付出苦难的代价。

这些孩子遵循自己的路线，可能会因此进入高度竞争和敌对的环境，或融入陌生和难以接受的文化环境，他们可能会被孤独、误解和自我怀疑所吞噬。然而，作为回报，他们也许能够培养自己的创造能力，并通过从事一些创造性的活动来弥补他们对新环境的不适应。

在这一背景下，"儿童的发现之旅"这一主题使我简略地谈到了教育的中心目标之一。教育应该发展和培养的是人类想象新的生活方式的能力——在自由、纪律和冒险的原则下，在家里和正规学校之外进行。这种教育应该给孩子们充足的休闲时间，让他们可以想象一个不同的世界，以及这个世界可能会向他们开放的所有道路。他们需要在安静的环境中学习，在那里他们可以凝视太空，幻想现在和未来的生活，构思想象的世界，并通过这样做来发展自己的内心世界。因此，他们最终会有勇气和力量摆脱目前的处境，下定决心改变自己的人生道路。不幸的是，由于缺乏足够的空闲时间，今天有许多年轻人都脱离了这种自我审视。布鲁诺·贝特尔海姆哀叹孩子们在家里和学校里遇到的紧张和苛刻的标准，他无疑是正确的。孩子们被剥夺了闲暇时间，这些时间本可以使他们玩转思维和想象，从而发展创造力。正如贝特尔海姆所解释的那样，"过去那些有创造力的人的传记中，有很多描写是他们青少年时期长时间坐在河边，思考自己的想法，带着忠诚的狗在树林里漫步，或者思索自己的梦想"。但是今天谁有时间和机会去做这些呢？^①我怀疑许多孩子的被动和冷漠来自他们无法独自一人，安静地在不滥用社交工具的情况下发展丰富的内心生活。他们所需要的首先是一个安静的环境，在那里可以从事无声且从容不迫地进行内心活动和创造性的闲暇活动。同样，我们应该鼓励在高等院校就读的学生学会认识那些与自己的思想和感情独处的时刻，以及把自己从特定传统的束缚中解放出来的时刻。我不是说要摒弃传统；

---

① 贝特尔海姆，《足够好的父母》（*A Good Enough Parent*）。

我的意思是要远观传统，并以此培养自由和大胆地提出各种可能性，并热情地实现其中一种可能性。

按照埃里克·霍弗（Eric Hoffer）的观点，我们可以认为，仅仅是对现有的社会和文化条件或家庭传统的不满，并不会催生变革的愿望。如果人们拥有或发展出一种内在的力量，并且这种力量成功地维持了他们对未来的信念，他们就会更自然地与周围的引力相对抗。[①]在我看来，在许多情况下，这种力量来自他们的激情——对一种职业、一种艺术、一项社会事业或一种新生活的激情。

激情揭示了我们命运的方向和意义。由于我们的激情，我们可以把自己从分散的事情中解放出来，集中精力实现一个单一的目标，并把我们的所有潜力带入一个连贯的整体。激情是一种根据内在冲动行事的能力和倾向，这种内在冲动可能是独立于外部认可的。用路易斯·拉威尔（Louis Lavelle）的话来说，"这是对内心冲动的完全接受和同意，是不受任何来自外界声音诱使其偏离轨道的影响"。[②]它使我们坚持不懈，全力以赴，致力于实现特定的目标。如果我们满怀激情地投入到一项活动中，我们就能够忍受艰难困苦，完成我们为自己设定的任务。激情表现为对现实任务的欣赏，表现为对一个独特的主导目标的忘我的、精力充沛的奉献。根据赫尔穆特·普勒斯纳

① 霍弗，《狂热分子》（*The True Believer*）。
② 拉威尔，《纳西索斯的困境》（*The Dilemma of Narcissus*）。

（Helmuth Plessner）的说法，激情是"一种高度的奉献"。[1]可以肯定的是，激情限制了自由，带来了一种更高级的、几乎压倒一切的实现目标的意图的约束。强烈的"激情之苦"会带来一些无力感，偶尔也会带来真正的困难。[2]然而，由于它的吸引力，激情的对象同时提供了"魅力的乐趣"和对未来成就的承诺。矛盾的是，激情在我们追求自我实现的过程中带来了某种约束的义务，但也通过对一个目标坚定不移的奉献提供了满足感。

接受、关注、专注、满足和尊重都是激情不可或缺的元素。满足和尊重的来源不仅是我们的目标和我们在该目标上的成就，最重要的还是内在的冲动本身，人内在的情感倾向。钢琴家对音乐艺术的迷恋和赌徒对轮盘赌桌的迷恋是有区别的。后者在面对激励其行动的感觉时，缺乏满足感和充实感。虽然真正的激情往往是排他的和孤立的，但它的专一性来自人对一个物体或一个行为的情感共鸣的强度和质量。当一个人被一种内在的冲动所控制时，一个充满激情的人会在他对一门科学、一门艺术、一项社会事业或一项体育活动的奉献中得到保证和安慰。用拉威尔的话来说，"激情不仅不会撕裂我们的灵魂，也不会将它抛弃，让它去面对来自痛苦和无能为力的所有恶意，相反，它会带给我们内在的自信、平衡、安宁与和平"。[3]

---

① 普勒斯纳，（*Trieb und Leidenschaft*）。

② 普勒斯纳，（*Über den Begriff der Leidenschaft*）。

③ 拉威尔，《纳西索斯的困境》（*The Dilemma of Narcissus*）。

有些人过分强调安全和谨慎，从而避免承担风险和随之而来的冒险。他们"永远是场边的观众，永远退缩，拒绝参加比赛。"他们胆怯、墨守成规、自我保护意识强，经常抗拒各种变化，自以为是地攻击激情的武断和盲目，捍卫自己的传统态度。然而，激情只有在那些不习惯按照其建议行事的人的生活中才是盲目和鲁莽的。他们既没有力量，也没有热情去遵循创造的要求，或者彻底改变人生的召唤。在这种情况下，参与竞争意味着面临全身心投入的风险，通过这种投入，一个人可以探清特定的命运，并接受这样一个事实：一个人的决定的结果可能是未知的或部分已知的。

我们来谈谈激情的另一个方面：放下犹豫、怀疑、谨慎思考的能力，以及试图预测和控制行动结果的倾向。因为对内心力量的信任，热情的人能够面对暂时的和不确定的未来，并根据当下的召唤而行动。他们提出的问题不是如何在不断变化的未来世界中安全地指导自己的生活，而是如何摆脱传统和文化的常规，如何知道何时采取果断行动。

如我们所见，在宗教归信中，新生的转变或经历是由神的旨意所激发的。这种突变的一个重要因素是采取了一种顺服的态度：如果没有完全的接受，上帝就不能作用于灵魂。也有一些外在的因素促进了正确心态的形成和对神性的开放。悲伤、疾病或孤独往往是一个人重新评估其生活和准备接受新信仰的必要条件。但是，正如维克多·莫诺（Victor Monod）在其卓越但早已被人遗忘的研究中所显示的那样，旅行和背井离乡往往是宗教归信的决定性催化剂。[①]一些名人正是在一次出国旅行中，发现自己处于完全从根源和传统中解放出来的状态时，产生了归信，包括扫罗、奥古斯丁、路德、约翰·卫斯理等人。宗教领域之外的人也强烈感受到了这种激励。离开家后，有些人更倾向于背弃社会一致性的过时要求、长期坚持的信仰和约束性习惯。一次旅行能将"过去的重量"减到最小，并促进对内在自我的回归。一个有趣的事实是，对外部现实的浓厚兴趣，也让我们发现了内在更深层次的生命。我们将在后面的章节中看到，对异国现实的感知可能会引发对自我意识的质疑，并随之修正一个人根深蒂固的观念。那些旅行的人感到恢复了活力——可以自由地重塑他们的个性，接受新的价值观——也有足够的力量和勇气去克服对未知未来的恐惧和怀疑。他们被连根拔起，脱离尘世，承认他们的人格尚未完全定型，敢于开始一种新的存在形式。[②]

在一次偶然遭遇或不可预见的事件后，看到一个人超越他目前的生活状况是很正常的。奥多·马奎尔（Odo Marquard）说的或许没错，开辟自己的人生之路更多的是靠意外，而不是决策。[③]所有那些在出国旅行或留学期间无意中受到激励从而改变职业道路或精神信仰的人，可能都会同意他的观点。历史学家阿诺德·汤因比（Arnold

---

① 维克多·莫诺，《旅行和背井离乡是否为宗教归信的决定因素》

② 怀特黑德，《宗教的形成》（Religion in the Making）。

③ 马奎尔，《为偶然事件辩护》（marquard, In Defense of the Accidental），另参见班杜拉，《偶然际遇与人生道路的心理学》（The Psychology of Chance Encounters and Life Path）。

Toynbee）描述了偶然遭遇在人一生中的普遍性："当一个人在年老时回想决定其命运的一连串意外事件时，他会感到不安。"[1]作家、艺术史学家和汉学家西蒙·利斯（Simon Leys）在被问及为何迁居澳大利亚时表达了同样的观点："我不知道这是我人生中反复出现的一个特征，还是一个更普遍的现象，但似乎人生最具决定性的转折，最重要的遭遇，最恰当的主动行动都是偶然发生的。"[2]许多人放弃舒适而平凡的处境，并不是由于他们渴望实现一个周密的计划，而是由于在某个特定的时刻，一句鼓励的话或一个善意的号召突然降临到他们身上。1956年，一群匈牙利人在起义被镇压后离开了他们的国家，仅仅是因为一辆开往西方的卡车上有空位。他们既没有任何事先制定的目标，对未来也没有任何把握，但他们克服了暂时的恐惧，在意想不到的情况下做出了在他们看来是正确的决定。

人类对奥多·马奎尔所说的"偶然际遇"的反应既不是出于冲动，也不是出于本能。它们是自发的行为，因此，可能包括我们在创作过程中发现的一些特征：灵感、想法的突然涌现和敏捷性。在有些情况下，我们往往会停止争论、辩解，甚至是犹豫，并利用内部生命的活力，自发地、出乎意料地采取行动。我们的行动为实际情况中出现的机会提供了直接和个人的答案，不过这些答案也不是绝对正确的。这种情况本身是一种偶然的事件，有时会使我们大吃一惊。

---

[1] 汤因比，《经历》（Toynbee, *Experiences*）。

[2] 帕凯，《西蒙·莱斯》（*Simon Leys*）。

如何为新征程下定决心

罗伯特·斯派曼在他的《人》一书中谈到了这些行为，通过这些行为，我们掌握了自己的整个生命，并使我们的生活真正属于自己。我们以人的身份展开自我实现。这些行为在我们的生命连续体中创造了一个停顿，当它们在生命过程中带来方向的改变或归信时，它们就会呈现出一个全新的开端的特征。根据斯派曼的说法，"归信意味着遵守一个人所做的道德决定，使新的开端永久化，相对于自然之流，它仍然是'新的'。"①

索伦·克尔凯郭尔在他的一篇关于决心的性质的《重要论述》中，对这样一个决定的意义以及随后引入人类生命连续体的变化提出了类似的观点。正是通过这样的决心，个人才会从一种生活方式中彻底地脱离出来，开始一种新的生存方式，并在奉献和信任中与永恒相

---

① 斯派曼，《人们》（*Persons*）。

结合。"决心是对永恒的觉醒，"克尔凯郭尔说，"它将永恒带入（个人）的时间，将他从一致性的困倦中唤醒，打破习惯的魔咒，切断烦人思想的乏味争吵，即使是对最脆弱的开端，也宣告祝福。"[1]决心不是在特殊的情况下做出的，而是在日常生活的环境中做出的：一个人不再想"被困在日常生活和习惯中"。[2]在这里，"每天"被理解为一种存在，会陷入一种无心的日常生活，缺乏更深刻的、使人改变的印象和经历。决心不仅是一种准时的行为，而且是对最初行为的不断更新。因此，如果说一切都是在决议之日决定的，那是骗人的。克尔凯郭尔将良好的开端与一开始就步入正轨的行为进行了对比，准确地阐明了并不是大胆地潜入大海的形象，而是行走的动作：脚步无力，步态摇摆不定，有时是后退而不是前进。[3]决心需要不断的努力和全心全意、毫不含糊地献身于选定的道路；这不仅仅是一次英勇的飞跃，随之而来的还有对自己行为后果的平淡接受。坚定的决心使生活的各个方面具有连续性和连贯性。正如克尔凯郭尔所言："决心具有一种超凡的能力，它能把自己与小事联系起来，使人既不忽视它们，也不迷失其中；使生活在决心中前进，在决心中得到加强、振作和鼓舞。"[4]

---

[1] 克尔凯郭尔，《反对懦弱》(*Against Cowardliness*)。

[2] 出处同上。

[3] 出处同上。

[4] 出处同上。

在这项适用于宗教复兴和人类努力改造的微妙分析中，克尔凯郭尔强调了阻止个人做出决定并摆脱其处境的一个因素。决心是在面对一项任务（搬到一个遥远的地方）时，凭借一种能力或才能（能够离开熟悉的环境并适应新环境的要求）而做出的。如果能力超乎寻常，而任务似乎太过简单，那么个人永远不会达到真正行动的地步。他们首先会说这个任务不值得认真考虑。他们还会预计这项任务的难度可能会比乍一看要高得多。如果不采取行动，他们就不会承认自己的错误和弱点。或者相反，如果他们的能力很弱，他们可能会说，不值得考虑这么遥远的任务和面对失败带来的羞辱性的后果。骄傲会激发两种态度：一个人太骄傲了，以至于不会认为他可能采取的行动与其能力有关。但是，正如克尔凯郭尔恰如其分地指出，骄傲取决于一种强烈的感觉：懦弱。懦夫不想承担一项可能会变得困难的任务，或者承认他们没有足够的手段来处理一项艰巨的任务。他们最初的软弱性格不足以使他们做出下定决心所必需的承诺。他们对任务中预期的变化的关注不亚于对自身潜在发展中缺少变化的关注。他们既不相信自己的能力，也不相信需要决心的这种任务的变化性。

懦弱很少表现为原始的形式。克尔凯郭尔天生具有良好的心理敏感度，他将其比作一股浸没在灵魂深处的死水，"骗人的幽灵从中升起"。[1]它是所有感觉中最灵活的，最能适应变化的，甚至是最令人

---

[1] 克尔凯郭尔，《反对懦弱》（*Against Cowardliness*）。

愉悦的。它甚至可能表现为权力、爱、纪律和自我控制。它包括许多重要而非凡的事迹，甚至是为实现遥远的目标而不断奋斗。

时间的流逝是怯懦的伟大盟友。怯懦和时间都不愿匆匆而去。时间不会说"现在该采取行动了"；它不会挑出任何特定的一天。怯懦想要拖延一切，而时间能帮上忙，因为它只会流逝，不会停下来等待一个决定被做出。逃避果断的行动可以有很多种形式：太忙或一直好高骛远。

显然，骄傲懦弱的反面增强了决心：面对弱点和不确定性时表现出的谦卑和沉默的勇气。而信任的基本态度又加强了脱离一般环境的决心。坚定的人相信我们之前所说的超越自我的力量，不管它是不是一种超越的力量；这种力量为他们的生活提供了永恒的意义。对终极原则充满信心和激情的投入，不仅能帮助他们克服阻碍，也能帮助他们应对失败。这一决心可能会导致他们在新环境面临困难、冷漠或歧视。但是，如果没有失败的风险，生活就很容易变得乏味，从日常自我保护上升到真正的自我实现的层次所带来的深刻的满足感和内心的平静就会消失。许多人勇敢地从他们的环境中挣脱出来，却未能得到他们所希望拥有的：爱情、友谊、令人满意的职业、财富或认可。但是，如果他们没有被逆境或自身无法弥补的痛苦完全压垮，他们就可以平静地说：至少我努力过！

CHAPTER THREE

追随毕生的榜样，精神的灯塔照亮前路

一个完整的人要成为受过全面教育的人，至少要有一次受到全面而真诚、自由而高尚的榜样的影响。

——马克斯·舍勒

我们一生中会通过一系列错综复杂的经历遇到无数的人。这些经历的特点从亲密无间到完全客观超然。有些只会持续几秒钟，有些则会反复出现并持续许多年，甚至是一辈子。有些每天都会发生，有些则没有规律，没有任何可预测的节奏。有些是人们想要的，也是意料之中的，有些是偶然发生的，没有任何预兆。有些需要身临其境，需要面对面的交谈，有些是通过信件、书籍或技术手段，以一定的空间和时间距离形成的。我们将在社会和文化背景下承担的角色和我们认为适当的行为带入这种体验——在另一个人面前发现自己。我们的兴趣、目标、文化和情绪塑造了我们在一生中创造、离开和再创造这一角色的方式。

在公共领域中有一些相遇，在不久或一段时间之后，马上就会被我们遗忘，还有一些我们珍视的相遇，我们要么把它们留在记忆中，要么设法重现它们。与杰出的公众人物面对面会给我们留下持久的印象。我们喜欢告诉别人，我们能够与纳尔逊·曼德拉（Nelson Mandela）或英国皇室成员交谈，与著名音乐家或著名演员握手。随着年龄的增长，我们可能会珍惜与老师或年长的同事的反复邂逅，因为随着时间的推移，我们可能会意识到这些智者给我们的生活带来了什么：他们让我们变得更有激情，更有技巧，更有教养。我们认为他们的影响是关键且持久的。他们深刻地影响了我们思考、行动、感受和与同胞相处的方式；我们认为他们是我们的榜样。[1]

下面这个例子说明了人们对有独特天赋的人有着非常强烈和持久的依恋。艾伦·沃克（Alan Walker）在他的权威传记《弗朗茨·李斯特传》中写道："李斯特小时候每次被问到长大后想做什么，他都会指着墙上挂的贝多芬的画像——'这样的'，"他常常回答，"像他一样"。[2]弗朗茨·李斯特对贝多芬的高度评价在某种程度上培养了他的许多兴趣和活动意向：具体表现在他的演奏会、教学活动、对大师钢琴奏鸣曲的编辑工作、指挥管弦乐作品、帮助建立波恩纪念碑的慈善演奏会，而最重要的是，他对贝多芬九大交响曲的钢琴改编曲。在李斯特的音乐生涯中，贝多芬一直是一个值得钦佩和效仿的榜样。

传记揭示了艺术家、作家或政治人物从杰出的教师或导师那里得到的鼓励和鼓舞的程度。许多不太出名的人也能够识别真实的或虚构的人物，对他们来说，这些人物的个性和建议已经成为他们选择特定

---

[1] 相遇是与客观世界中的另一个人接触的行为；而邂逅是我们在主观世界中面对另一个人。相遇通常是有计划的；而邂逅经常发生在计划之外。在一次相遇中，接触的方式会突然或逐渐地发生变化，从疏远到接近，从冷漠到亲密。参见保罗·克里斯蒂安对"相遇和邂逅"（*Begegnen and Antreffen*）这两个术语的细微区分。
[2] 艾伦·沃克，《弗朗茨·李斯特》（*Franz Liszt*）。

人生道路的动力。榜样不一定是有杰出能力和成就的人，他们的吸引力的来源有时只是在回想起来时才会被认识到。然而，他们激励和鼓舞着那些与他们接触的人；他们深深地影响着受保护者的思想、信仰和左右人生的决定；在没有明确意图或意识的情况下，他们将价值观和原则，甚至行为方式灌输到其他人的生命中。

谁能成为我精神的榜样

榜样是凭借其品质、价值观和成就对另一个人产生深远影响的人。一种职业，一种终身的兴趣，或者一种存在形式，都可以通过与榜样的接触而习得。一个人的身份、社会角色和生活方式都会受到榜样的深刻影响。榜样的影响可以通过多种方式起效：它可能导致一个人的行为和思维的突然改变或逐渐质变；它可以为做出正确的决定提供指导和框架；它可以帮助一个人明确道德观，洞察什么是好，什么是坏，过上美好生活意味着什么。

当我们遇到并追随一个榜样时，我们会全身心投入；我们的思维方式、感觉方式和行动方式受到的影响与形成过程都与选定的榜样协调一致。追随榜样意味着在自己身上培养榜样的特质和品质。如果我们是音乐家，我们倾向于用榜样的表演方式演奏乐器；如果我们是小说家、诗人或剧作家，我们会珍视榜样的风格和对主题的选择；如果我们是运动员，我们希望跑步、游泳或滑冰像榜样那样好，那样快。

马克斯·舍勒对榜样的现象学描述及其对各种榜样功能的反思在今天仍然适用，这是由他的道德哲学所推动的。[1]作为当代最伟大的道德哲学家和最早的现象学家之一，舍勒通过将他感兴趣的对象与另一个对象进行比较，并特别注意两种现象之间的差异来描述该对象。这种方法使他能够突出特定对象的独特性，并掌握其高质量和不太显眼的元素。他首先告诉我们，我们的榜样并不是随意树立的；它们根植于一种等级价值体系，并由这种绝对和永远有效的价值领域所决定。榜样体现了一种可识别的价值或一组可选择的价值；它们是特定历史时期、特定社会环境下价值观的具体体现。它不是抽象的规范或普遍接受的道德原则的义务，不会以一种决定性的方式塑造一个人的行为。规范和规则虽然与价值观紧密相连，但却过于客观，过于脱离实际，过于脱离具体情况和这些情况的要求，因而不能激励人们去实现它们。要有效地实现一个好的行动，我们需要反复联系能够展示所讨论的价值的好例子。正义的客观价值和公平对待社区或个人的派生规范需要与具体的榜样相联系，才能在人与具体行为中得以实现。舍勒认为，"世上没有任何事物能像一个好人的善良中所包含的实在充

---

① 舍勒，《伦理学中的形式主义与质料的价值伦理学》（*Formalism in Ethics and Non-Formal Ethics of Values*）以及《人和领袖的典范》（*Exemplars of Person and Leaders*），舍勒在1911年至1921年之间写下了这篇文章。该文已发表在他遗著集的第一卷上，书名为 *Vorbilder und FüHrer*。我用英文中的榜样（model）来翻译 Vorbild 这个词。

分的直觉那样，使一个人最初、立即和必然地变得善良"。①榜样帮助我们理解并具体展示了规范和价值观可能带来的变革力量。健康的价值和相应的节制标准人人都懂，但我们仍然未能做到适量饮食，将这一知识转化为具体行动。如果我们接触到一个鼓励我们经常散步或游泳，并告诉我们应该如何适度饮食的人，那么我们的医生关于健康生活方式的建议可能会使我们更快地采取行动。同样的道理也适用于道德价值观：看到某人对陌生人表现出仁慈比听到某人只是口头上维护这种价值观更能产生约束作用。②

每个孩子都有一种分辨善恶、公正与不公的倾向。在孩子们的游戏方式中很容易看到这种倾向：他们常以公平和想象力分配角色，并依靠他们对善良和正义的直觉来建立规则。但是，只有当孩子们能够在事物和行动中看到价值的体现，如果他们学会有意识地区分善与恶、重要与琐碎、美丽与丑陋，这种人类对公平与和谐合作的自然倾向才会得到发展并在游戏领域之外生效。然后，他们逐渐发展出感知客观品质的器官。罗伯特·斯派曼写道："但这种情况要发生，首先要邂逅美，参与美，学习以美的方式行事。"③在他们看来，"美的方

---

① 舍勒，《伦理学中的形式主义与质料的价值伦理学》(*Formalism in Ethics and Non-Formal Ethics of Values*)。

② 斯多葛学派哲学家塞涅卡强调了这一点："柏拉图，亚里士多德，以及所有注定要各行其是的圣贤们，从榜样中受益都多于苏格拉底的文字。"《致路西里斯的道德信》(*Moral Letters to Lucillus*)。

③ 斯派曼，《以教育引入现实》(*Education as an Introduction to Reality*)。

式"首先体现在他们的父母和老师的举止上，也就是那些直接出现在他们生活中的人的举止上。如果孩子们反复陷入以欺骗、撒谎和使用武力实现目的的情况中，他们脆弱的善良、公正和公平感就会被扭曲。孩子们听从口头上表达的价值观和规范，但只有当这些价值观和规范在他们的榜样、父母和老师的行动中表现出来时，他们才会将其内化。①

舍勒通过将榜样与领导者的特征进行比较，提出了榜样的基本特征。领导者能认识到自己的角色和影响他人生活的能力。榜样们没有这种自我意识，也不总是渴望影响他人。要引导和激励个人，领导者必须是真实和平易近人的。而榜样不需要亲自到场也能触及人们的生活；一个历史人物，比如生活在过去的苏格拉底，或者一个虚构的人物，比如公爵夫人桑塞韦里娜，都可能成为精神上的榜样。领导者是人类社会（家庭、氏族、部落、帮派、民族等）中不可或缺的组成要素，其结构或多或少是稳定的。他们不一定表现出道德上的卓越；他们可能是明智的向导，也可能是无良的罪犯。除非他们言行不一，让人失望，否则人们还是会尊重和追随他们，因为他们体现了身为领导者的卓越水平，并通过其言行表达了积极的价值观和品质。舍勒称，"领导者要求我们做出行动、成就和行为。榜样关注我们的生活，与我们灵魂的特性有关"。榜样不仅会影响我们的行动能力，还渗透到

---

① 斯派曼，《基本道德概念》(*Basic Moral Concepts*)。

我们的整个存在中，激发我们习惯和心态的整个转变。相反，"领导意味着行动，指路，引导好的或坏的生活方向"。①它还意味着创造尊重、距离，甚至恐惧。我们与领导者保持距离，却寻求榜样的陪伴。榜样既不发出明确的命令，也不期望我们顺从地依附于他们的价值观。他们谨慎地鼓励我们好好利用自己的能力，如果他们要激励我们采取行动，就会鼓励我们根据特定的人生计划设定具体的目标。我们的整个生命都指向他们的价值观和引导，这种坚定的方向在我们的行动和感情上留下了印记。领导者不会影响我们对榜样的选择；但是我们的榜样，连同其他的考虑因素，决定了我们对领导者的选择。

是什么导致了这种"人忠诚于榜样，以榜样的特质为根据的道德情操成长"？②我们根据自己在榜样身上看到的、那些我们自由选择并愿意效仿的东西，来评估和衡量我们的计划和决定的价值。这种评价行为不仅影响我们的思考和决定。就像那些有意识或无意识地习得父母的心理和行为的孩子一样，我们也会倾向于根据我们与榜样之间的接触来塑造我们的态度和行为。

① 舍勒，《人和领袖的典范》（*Exemplars of Person and Leaders*）。
② 舍勒，《伦理学中的形式主义与质料的价值伦理学》（*Formalism in Ethics and Non-Formal Ethics of Values*）。

遇见我的精神榜样

　　我们遇见榜样的方式多种多样：在家里，在学校里，在音乐会或讲座上，在交谈、工作或出国旅行时。我们在阅读小说、传记或历史记述时也可能遇到他们。

　　这些际遇的时刻令人难忘：一个榜样无论是遥远的历史人物，还是与我们面对面的人，我们都能在这个人身上发现足以影响我们之后的兴趣爱好，以及改变我们世界、完成理想的方式，甚至塑造我们的整个命运。

　　如果就我的个人经验而言，在布达佩斯读高中时，我有幸得到音乐老师乔塞夫·G.霍尔瓦（József G. Horváth）鼓舞人心的指导。为了养活他的大家庭，他有两份全职工作和三份兼职：他在两所学校教书，教私人钢琴课，指挥教师合唱团，每周有两到三天在酒吧弹钢琴到凌晨两点。当时，我并不知道他有多份工作。有时他一到早班就累得要命。然后他会告诉我们："孩子们，安静点，我要思考。"他会把头靠在桌子上，睡20多分钟。我们会尊重他的意愿，保持安静。（如果唤醒学生兴趣或教授才能是教学的核心，那么熟睡的老师似乎有些滑稽。）但当他醒来教我们视唱练耳和唱歌时，他证明了自己是个了不起的老师。我再也没见过如此多的精力、热情、知识和教学技巧集中在一个人身上。没有人能对他的教育和艺术才能无动于衷；他激励了数百名学生热爱和演奏音乐，一些有天赋的学生也成了专业音乐家。我们学会了读乐谱，如何用清晰的发音唱出和谐的旋律——和声、声部和两重唱——以及如何识别和欣赏民歌、巴赫唱诗班歌曲或奥兰德·德·拉索斯（Orlande de Lassus）的赞美诗。他成了我的榜样。很久以后，当我决定从事教育工作，并努力提高自己的教学能力时，我满怀感激地意识到我欠了他一个人情。

为什么我们倾向于以老师或运动员为榜样，后面也许还会以作家或科学家为榜样？即使与榜样的相遇可能是一场偶然，我们对榜样的选择也不是随机的。根据尼古拉·哈特曼（Nicolai Hartmann）的观点，榜样符合我们已经拥有的一些特定要求或标准："榜样提供的满足感在于其符合我们有意识或无意识应用的标准。"[1]我们基于对价值的直观认识，意识到一个人在某方面的卓越——音乐技能或创造力，并认识到这种卓越的形式与我们的价值观相一致，这使我们感到满足。同样，我们最尊重的道德价值观与我们榜样的行为中具体表现

---

[1] 哈特曼，《伦理学》（*Ethics*）。

的相似之处也会让我们感到高兴。但是，正如亨利·柏格森（Henri Bergson）所指出的那样，可能有这样一个榜样，在一次谈话或读过一本书之后，他就在我们内心诞生，并通过我们的行为体现出来。在这种情况下，对相似的渴望本身已经是一种相似：在某种程度上，我们渴望变成现在的样子。①

但是当有人问我们为什么会被某些人吸引，为什么愿意以他们为榜样时，我们并不总是能够清楚地说出这种敬仰的原因。我们被一个人吸引，可能不是因为对个别行为或成就的清晰感知，而是因为对一种生命形式的整体价值有一种美好的感觉。舍勒将这种感觉比作画家或雕塑家在创作应用其艺术规则时的直觉："只有艺术家在绘画或凿刻过程中偏离某些法则，当它们与所创造的艺术结构明显一致时，其有效性才会变得明显。"②

事实上，我们选择榜样的方式不同于选择医生或财务顾问。当我们积极地向专业人士求助时，我们确切地知道我们对他们的要求和期望。我们被榜样的一种"诱导和鼓励"所吸引。③他们的吸引力从来不是一种强制的约束；我们多少带着一种清晰的"应然的和正确的意识"察觉到这种吸引力。④因此，对他们鼓励的回应既不是对具体行

---

① 柏格森，《道德和宗教的两个来源》（*Les deux sources de la morale et de la religion*）。

② 舍勒，《人和领袖的典范》（*Exemplars of Person and Leaders*）。

③ 舍勒，《知识和文化的形式》（*The Forms of Knowledge and Culture*）。

④ 舍勒，《伦理学中的形式主义与质料的价值伦理学》（*Formalism in Ethics and Non-Formal Ethics of Values*）。

动的顺从模仿，也不是对命令和指示的盲目服从，而是对建议的"自由投入"。我们试图理解并遵循他们给的建议，既不试图精确地模仿他们的行为，也不试图复制他们的生活环境。我们只是学习他们的行事方式，而不是完全照抄其行为。相反，重要的是按照他们思考和行动的方式去思考和行动。在榜样的这种潜移默化的影响下，我们可以做出职业选择，采用某种领导风格或艺术表达方式，偏重某些研究领域，或根据特定的道德价值观（高尚或正直）建立人际关系。

我们对榜样的反应并不仅仅是基于对其品质的理性评估。来自榜样的"诱导和鼓励"是其整体气质印象的一部分。就像我们不经任何中介就能理解一座城市，一个建筑物、街道或公寓的特定气质一样，我们有时也能非常准确地理解我们所遇到的人的气质。即使我们大多数时候并没有意识到我们对他们的印象，但是我们仍能把握他们独特的情感品质，或是有吸引力，或是令人愉悦，或是令人反感，或是对其漠不关心。

事实上，一种特殊的能量"光环"渗透在人群之中，赋予他们的手势和话语一定的基调。这种个人气质构成了"人格的精神层面"。我们能感觉到一种特殊的存在或氛围，随之也能感受到某种基调——喜悦、活力、真诚、悲伤——这种基调就像香水一样，逐渐渗透到周围的环境中。一种特殊的气质会激发我们的情感反应；我们对它的反应要么是赞同和依恋，要么是否定和拒绝。我们在第一次见到某些人时立即感受到的仇恨、同情甚至冷漠，往往来自对他们气质的这种接触。

孩子们对父母有意或无意地营造的氛围反应很敏锐。良好的氛围是儿童健康成长所需要的"一种精神食粮"。[1]他们在家里"呼吸"的"空气"在很大程度上塑造了他们的个性和兴趣。出于同样的原因，学生可能会讨厌或喜欢他们与某一位老师的学习经历。除了他们提出的思想、理论和难题外，教师的动作、声音和面部表情也容易使教室里弥漫着一种呆滞或沸腾的气氛。总的来说，一种氛围渗透在我们生活中的每个部分——家庭、工作场所、休闲和教育环境——并多少影响着所有人类活动的特征和结果。

在我们每天接触到的氛围印象中，我们会挑出那些触及我们生命核心的印象。初恋就是这样一种决定性的氛围体验。这种吸引力是如此强烈，我们会愉快地暗示自己：恋爱就是永远爱对方。

遇到个性鲜明的人同样是一种至关重要的经历。虽然他们不一定拥有引人注目的身体特征，但他们能够给我们留下鲜明而难以磨灭的印象：他们拥有活力、深度和信念。他们的道德品质（如善良或谦卑）或特殊的天赋（如聪明才智或健全的判断力）符合我们的价值观，我们通过他们的身体和语言表达，包括他们的微笑、声调、演讲、谈话或艺术表演来感知和欣赏他们。

当我们与这些人面对面，并完全沉浸在当下时，我们就会感知到

---

[1] 鲁德特，（*Die persönliche Atmosphäre*）。

他们的吸引力和个性。当未来和过去都变得不那么重要时，就能凸显我们关注的对象自身的价值存在。这种存在出现在我们和遇见的人之间的空间内，这个人以这样一种方式把他自己交给了我们，使我们完全专注于他们的吸引力。通过他们的吸引，我们看到了一种精神品质——内在的力量、真实性或活力；即使他们的身体羸弱或有恙，我们也能感受到。有些人像在老年时那样缩回到自己的身体内，却还是有很强的存在感。他们令人敬服的个性表现在他们的一举一动上，他们的声调，尤其是他们的眼神中。从眼睛里闪现出来的，或者通过双手展现出来的，不仅仅是一个人所取得的成就、拥有的东西，或者学到的东西，而是这个人的本质。手的动作反映了情绪、性情、欲望和态度。一个人的声音，如背诵一首诗或讲述一段个人经历，也是内在性情的一种显现：声音中传递的平静、紧张或不和谐，多年后仍能在听众中产生共鸣。

　　哲学家卡尔·雅斯佩斯（Karl Jaspers）强调了在马克斯·韦伯（Max Weber）这样的伟人面前发现自我的重要性。然而，韦伯的"奇妙的能量之源"不仅在雅斯佩斯与他面对面、"与他一起思考"的时候有效，而且在他不在韦伯身边、"想着他"的时候也有效。[①]韦伯还在世的时候，他强烈的光环激起了两人之间丰富的争辩，而这位年轻的思想家从未温顺地倾听过。韦伯去世后，人们也能透过场景或物

---

① 雅斯佩斯，（Die Kraft zu leben）。

品与他的虚构交流。①如果我们去拜访他们的故居或休憩之所，或者只是简单地沉浸在他们留下的东西当中——书籍、绘画、乐谱或作品录音，那么他们的榜样形象无形中就会得到加强。无论是挂在我们房间的墙上，还是放在我们面前的桌子上。这幅肖像，就像年轻的李斯特所崇敬的那幅一样，不仅成了榜样的价值和成就的象征，也成了一种真实存在的表现，鼓励观众通过积极参与他们的世界来表达这些价值观。

我之前说过我们可能会偶然遇到我们的榜样，而这些邂逅是由我们所处的文化和社会环境，以及我们在生命的不同阶段决定从事的活动类型决定的。它们可能是突然的、意想不到的和令人惊讶的；它们会在瞬间强烈催促我们去关注我们遇到的那些散发着光芒的人，接受他们的价值观，并将其融入我们的个人生活。当我们从榜样身上获得灵感、信心和对未来成就目标的展望时，我们应该确信这些人生的邂逅是我们生命中的奠基时刻。

这些邂逅发生在哪里？又是如何发生的？我们来考虑两种明显的情况：阅读虚构作品和遇到一位有影响力的老师。在阅读小说或短篇故事时，我们与书中角色——生活化的人物和奇幻的生物——进行虚

---

① 在《自画像》（*Self-Portrait*）中，雅斯佩斯进一步解释了韦伯成为他榜样的原因和程度。韦伯巨大的科学成就与他对现代世界的清醒解读之间存在着无法解决的矛盾。但是韦伯是一个"绝对可靠"的典范，因为他一生都在坚持不懈地追求真理。正是韦伯的真诚性（*Wahrhaftigkeit*）和对真理的意志（*Wahrheitswille*）给雅斯佩斯留下了持久而关键的印象。《自画像》（*Ein Selbstportrait*）。

构的交流，从而能够参与他们的生活。我们能感受到他们微妙或极端的情绪；我们了解他们的信仰、习惯、弱点和生活方式；我们呼吸着他们在自己周围创造的氛围。我们的思想和感受不断地被与虚构角色的邂逅所塑造和重塑。接下来我们可以用另一句话来结束"书各有命"这一拉丁格言①：我们读的书，揭示了我们的命运。

　　我们都有自己喜欢的作家，他们清楚地表达了我们已经知道和感觉到的东西。当我们深入阅读一本小说或一篇文章时，就能感觉到他们的观点和信仰与我们的融合，我们为发现这种亲切感而感到高兴。回忆录、信件或日记让一个有创造力的人与我们更加亲近。于是，我们渴望加深这一新的认识，并寻找他们的其他作品，从他们的思想和写作风格中获得启发和智慧指导。

　　有些人可能会同意格雷厄姆·格林（Graham Greene）的观点，他认为，我们从一本书中受到的最强烈、最深刻的影响发生在我们的童年时期。②如果阅读是一个孩子日常生活的一部分，那么虚构作品会在他的世界观的形成中发挥中心作用。沃尔特·本雅明（Walter Benjamin）也做过类似的观察，我认为这一点值得一提，因为它生动形象地描述了儿童世界观的形成以及沉浸于阅读的激情所带来的转变：

---

① 每本书都有自己的命运。

② 格林，《迷惘的童年》（*The Lost Childhood*）。

孩子们会向着故事中影影绰绰的小路走去。阅读的时候，他堵住耳朵。书被放在一张过高的桌子上，而一只手总是放在书页上。他能在字母的旋涡里读出英雄的历险故事，就像在飘落的雪花中读出图案和信息一样。他与所叙述的事件同呼吸，而事件中的所有人物都在吸引着他。他比成年人更能混杂到那些人物中，他不可名状地被所述事件和千变万化的词语吸引住。当他站起身时，身上盖满了一层层由阅读过的词语组成的雪花。①

在这种不能强迫孩子们去体验的经历里，有诸如《绿山墙的安妮》《哈迪男孩》《保罗街小子们》等富有想象力的作品，由他们无畏的自信、慷慨和诚挚所引发的冒险，吸引了年轻的读者，并给他们留下了持久的影响。《奥德赛》中迷人的娜乌西卡和坚定的奥德修斯也能融进他们的生活。皮埃尔·莱克曼（Pierre Ryckmans）以笔名西蒙·利斯而闻名，他强调小说人物在我们的兴趣、思想和幻想形成过程中所起的重要作用：

回顾你自己的过去，在你生命的里程碑中，你会发现伟大的读物所占地位的重要性并不亚于实际发生的事情——例如，某一年你在陌生的土地上进行的一次漫长而冒险的旅行，回过头来可能会和你第一次探索《追忆似水年华》同样令人难忘；又或者你可能会意识到，你与安

① 本雅明，《单行道》（*One-Way Street*）。

娜·卡列尼娜或于连·索雷尔的邂逅被证明比与认识大多数的熟人更重要。谁来评估这些不同的经历在塑造你的个性过程中的相对重要性？[①]

的确，在阅读小说和故事时发现的榜样可以成为塑造个性的有力手段。但是，年轻读者如何知道他们应该有意识地、全心全意地追随哪些榜样呢？应该有人向他们提出建议，还是让他们在所有现有的榜样之间做出区分？任何明确的建议产生的效果都有限，因为正如我们所看到的，孩子们不会选择榜样；相反，当他们阅读神话、历史或虚构的故事时，他们会自然地被榜样所吸引。正如我已经指出的，根据尼古拉·哈特曼的观点，他们满意地注意到了榜样和他们已有的价值标准之间的一致性。但是他们是如何获得和发展这种标准或价值等级的呢？是当他们逐渐学会根据在现实中感受到的快乐程度，客观地区分现实中固有的价值（音乐、风景、学校等）时，这种等级就形成了。当他们不仅能看到与他们自身有关的现实，而且还能看到现实本身时，即当他们不再把现实作为达到目的的手段，而是作为目的本身时，快乐就产生了。[②]然而，我认为即使他们尽可能客观地欣赏现实的价值内容，他们也无法完全压制自己的主观偏好。他们所秉承的正义和健康的价值观使他们能够接受榜样的影响，正如我所指出的，这

① 莱克曼，《桥上的风景》（*The View from the Bridge*）。也可参见古德曼，《构造世界的多种方式》（*Ways of Worldmaking*）。

② 参见斯派曼，《基本道德概念》（*Basic Moral Concepts*）。

一榜样反过来又阐明了对这些价值观的理解。

我已经提到了学生与老师之间可能出现的邂逅。当然,学生与老师的关系可以有多种形式,其中只有少数对学生的生活有重大影响。文学评论家兼哲学家乔治·斯坦纳(George Steiner)写了一篇关于师徒关系的长文。[1]尽管他仔细地分析了他们之间相互作用的本质,但他并没有详细地考察学生遇到精神榜样时发生的教育行为。然而在学校里,学生可能会被他们认为值得尊敬的人所吸引并对其产生依恋。或者,在以后的工作中,他们可能会遇到一位精神导师,并从他身上获得灵感和智慧。良好的教育有相当可观和持久的效果,尤其是当这一教育促进学生探索自身已有知识的时候。[2]不幸的是,反之亦然:一个糟糕的老师会让学生讨厌某个领域的知识。教育可以是一种互惠的活动,但启发别人总是单方面的事情。教师试图引起学生的兴趣,激发他们对某一学科的好奇心。如果一切顺利,学生反过来也会对老师的努力做出反应并开始学习:他们扩大自己的知识范围,运用知识,最重要的是学会自主思考、探索和研究。榜样则不需要这种明确的关注或积极的协作,他们只是提供了可供模仿的标杆。学生主动地向老师求助,以获得指导,完成任务,并与老师建立相互关系。而榜样有时会出乎意料地来到他们身边,通过激起他们的情感和价值观

---

[1] 斯坦纳,《哈佛诺顿讲座之大师与门徒(台译本)》(*Lessons of the Masters*)。

[2] 托马斯·德科宁克在他的《面向未来的教育的哲学》(*Philosophie de l'éducation pour l'avenir*)中巧妙地强调了苏格拉底教学的重要性。

来创造吸引力。虽然榜样与学生之间的关系是一种真诚的邂逅，但没有表现出互惠的特征。

套用伯特兰·罗素（Bertrand Russell）的话，世界上有三种教师：一种有趣，一种称职但无趣，还有少数一部分是学生们"衷心、热情地"敬佩的。①最后一种教师创造了一种激动人心甚至是有趣的氛围，激发了学生的求知欲，并展示了获取知识和创造性地应用知识的方法。他们可能成为学生的榜样，也会得到他们的钦佩。当然，一个受人尊敬的老师并不一定会成为一个榜样，相反，一个模范老师并不总是能得到人们由衷的钦佩。但是，当学生们崇拜一位老师时，他们会因为这位老师身上的优秀品质而受到鼓舞。他们被这种品质所吸引，并试图将其融入自己的生活。②

"为一种卓越品质而受到鼓舞"，这句话让我们想到了另一种不可抗拒的诉求，它激发了我们挣脱实际生活环境的行动。对一种存在形式的感知是由卓越的品质激发的，在欣赏他人的过程中，一个人不仅会像听音乐时那样高兴或忘乎所以，而且还会被提升到一个高度，从而有可能对自身做出批判性的评价。可以肯定的是，欣赏激起了模仿的欲望。但是，这种模仿从来就不是轻率和盲从，而是尊重和创新。它允许学生运用自身的能力和发展个人兴趣。所有的欣赏中都有一种客观审美上的满足：学生们在他们的榜样中找到了一种和谐，平衡的

① 罗素，《九十年代的剑桥大学教师》（*Some Cambridge Dons of the Nineties*）。
② 罗米伊，《论教育》（*Écrits sur l'enseignement*）。

品质，比如慷慨、正直、平静和谦逊——这些品质是他们希望拥有的。但是，与盲目和顽固的狂热忠诚相反，他们欣赏的眼睛会看到和选择符合自身期待的东西。他们乐于被一个学识渊博、品行端正的人所吸引，但也依靠自己的能力来辨别他们所感知到的品质。

无论是刚毕业还是毕业已久的学生，都会认为榜样的吸引力在于其真实性。例如，当一部小说或一件作品真实地表达了我们所认为的本质时，我们会说它具有真实性。交响乐或绘画的真实性与内在的丰满、深度和生命力有关，而这些特性是直接、完整地传达给我们的。这些作品穿透我们，让我们产生共鸣。与此类似，当一个人的言行光明磊落，而不是假装、歪曲或掩饰他的想法、感受和需求时，他就是真实的。他的内在状态通过他的存在被准确无误地表达出来，将一些使人充实和振奋人心的东西传达给所有与他接触的人。真实性不仅是真实，更重要的是人本质的、坚实的、活泼的和持久的品质，以及丰富的感情和思想及其表达。

但我们可能会在最不期望的地方发现这种价值的鼓舞人心之处。1932年初，亚瑟·克斯特勒（Arthur Koestler）前往苏联，在参观了工业场所、集体农庄、商店和办公楼之后，目睹了遍地的混乱、压抑和冷漠，他提出了这样一个问题：国家宣传无法使工业和经济保持可接受的秩序，那么，是什么让苏联在继续运作呢？

克斯特勒遇到了许多维持国家运转的优秀但默默无闻的人。他们职业不同，没有等级或官衔，但他们能够维持秩序、尊严和效率的运作，同时也表现出一种坚韧不拔的抵抗。他们的足智多谋带来的成效相当可观和广泛。克斯特勒这样描述他们的公民美德：

在一个人人都害怕和逃避责任的国家，他们的动机是强烈的责任感；在盲从成为常态的情况下，他们采取主动并独立判断；在一个只对上级和国家忠诚的世界里，他们忠于自己的同胞。他们有个人荣誉感和一种无意识的行为尊严，而这些词却成了嘲笑的对象……作为一个共产主义者，我认为他们的存在是理所当然的，因为我相信他们是革命教育的产物，是马克思预言的"新人"。今天我意识到，他们的存在几乎是一个奇迹，他们之所以成为现在的他们，不是因为他们接受了这种"人定胜天"的教育，而是因为他们没有受到这种教育的影响。[①]

"人的本质"使这些人成为真正的人，并最终保持了国家经济的活力和运转。他们的名字没有被载入史册。不过，如果他们的影响有这么强大和有效，他们在同僚眼中一定是鼓舞人心的人生楷模。在克斯特勒写完这本书几年后，我也碰巧遇到了一些这样的重要人物。他们使成千上万人更愿意接受其生活条件，使他们每天的辛苦工作更有盼头。他们是楷模，即使到今天，他们也从未因其非凡的天赋和成就而受到赞扬。

---

① 克斯特勒，《看不见的写作》(*The Invisible Writing*)。

精神榜样对人生的影响

　　除了对价值观和品质的具体鉴赏，以及对过上美好生活的决心，榜样对我们的行为和思想还有什么样的影响？舍勒在他关于知识和文化的形式的文章中强调了榜样教育的重要性：如果我们想真正受到教育，就必须让自己被榜样的价值观所吸引。他们使我们更清楚地看到自己的目标，并更好地了解和利用自身能力来实现这些目标。他们起着垫脚石和开拓者的作用。正如舍勒所说："他们解释并阐明了我们的目的。通过他们的榜样，我们可以衡量自身，努力实现精神上的自我。他们教我们明白什么是真正的力量，以及如何使用它们。"①他们启示我们人为何而生，我们在这个世界上的地位是什么，以及如何最大限度地发挥我们的能力。与告诉我们不要做什么的法律和规范相

①　舍勒，《知识和文化的形式》(*The Forms of Knowledge and Culture*)。关于舍勒的教育榜样哲学的重要性，参见迪肯，《伦理学的过程和永久性》(*Process and Permanence in Ethics*)。

反，我们的榜样告诉我们应该承担什么，我们可以成为什么，使我们
能够自由地追求自己的事业，充分发展和使用自己的力量。

现在普遍将学校里提供的正规教育定义为为人类提供变革体验的
过程。我不否认这种体验是我们所推崇的理念，是教育的基础。的
确，教育机构培养和提高了学生的认知能力、技术技能、道德和审美
敏感性，以及学习的潜力。好的课堂不仅能激发学生提出问题、提
出意见和做出判断的能力，还能激发学生的想象力，使他们正视新
的问题，探索新的研究领域。对许多学生来说，在教室里度过的时
间就像"他们日常生活中的一块绿洲"（杰奎琳·德罗米伊Jacqueline
de Romilly）。如果他们碰巧听到一位振奋人心、令人愉快的老师讲
课，就很容易被数学定理的演示或诗歌的优美和深度所吸引。拉辛
（Racine）的两行诗，由一位对戏剧有鉴赏力的老师朗诵，可以对学
生产生终身影响。[1]但我认为，一种深刻而持久的蜕变，是在正规教
育背景之外实现人类潜能的结果。在反思教学行为时，罗伯特·斯
派曼说："教育不是为了达到既定目标而进行的过程。没有哪一项特
别的活动可以被定性为'教育'。教育更像是一种在人们从事各种活
动时产生的副作用。"[2]G.K.切斯特顿在这句格言中也表达了同样的思

---

① 杰奎琳·德罗米伊在由玛格丽特·莱纳主编的《光荣归于教师》（*Honneur aux maîtres*）中精彩地讲述了这一"优雅的时刻"。这部作品集讲述了与令人钦佩的教师的几次决定性的邂逅。

② 斯派曼，《以教育引入现实》（*Education as an Introduction to Reality*）。

想："教育就是暗示。"①也许最重要的教育是与一位年长智者的直接接触。这位长者拥有丰富的经历和深刻的见解，并对年轻人的信念和目标有潜移默化或立竿见影的影响。亚历山大·法卡斯（Alexander Farkas）在与一位充满了强烈能量和激情信念的音乐教育家和作曲家交谈后提出了这一点。这次谈话让他学会了完全活在当下，同时也重温了另一个人过去的变革性经历：

当回想起我多年的教育经历时，我越来越觉得真正学习的启示时刻似乎从未在正式课堂上出现过。有时在很短的时间里我们就可以学到很多东西；有时我们说不出我们最初理解的是什么。那些启示时刻无论多么短暂，如果我们乐于接受，就会感受到这种传承，让现在的我们不同于之前的我们了。②

不过是什么使这种改变成为可能呢？我们的兴趣、活动、能力、关系、价值观和世界观多少都是可以改变的。成为一名成功的演员或杰出的运动员对许多人来说即使并非不可能，也是非常困难的。但如果我是一名教师，我可以成为一位兽医，如果我是一个农民，我可以

---

① "孩子们尊重的不是你说的话；在你说话的时候，他们通常会笑着跟你唱反调。而真正深入他们内心的是你潜移默化地暗示给他们的内容。他们学到的是你忘记教给他们的东西。"切斯特顿，《没有这回事》（*No Such Thing*）。
② 法卡斯，《与热诺·阿达姆的一次相会》（*A Meeting with Jenö Ádám*）。

决定成为一位护士。这种转变往往需要不同寻常的际遇。一个人如果能在我身上找到一个"支点"，他就可以直接或间接地影响到我；如果我乐于接受新的思想和价值观，就有自我改变的可能。

与另一个真正有影响力的人相遇会带来惊喜，因为它把我们从日常生活的连续性中抽离出来，为我们带来一个意想不到的新方向。我们的未来突然变得充满了可以实现的可能性，所以决定性的相遇会使我们的生活不再可预测或向着已确定的方向发展。

在上面的例子中再次提到，一位长者的存在更深刻、更长久地触动了一个生命。不仅是思想和价值，最重要的是智慧和灵感。如果这个人的存在仅仅被看作社会角色的一个例子，那么在概率上这种邂逅会轻易地缺席。真正受到精神榜样的启示总是一种偶然的经历，因此，它很难在教育背景或任何其他专业环境中随意创造出来。①

一个真实的人，可能只有一般的智慧和常识，也可以选择那些能引起兴趣，并甘愿为之付出所有的精力和能力，乃至奉献生命的一个领域——艺术、宗教、科学、自然环境或历史——当我们决定将它视为我们生活的中心，而不管我们能从中获得什么样的经济利益时，它才会成为我们真正的、充实生活的事业，并引导我们进行原创。榜样可以帮助我们做出这个决定。根据哲学家哈里·G.法兰克福（Harry G. Frankfurt）的观点，我将用关注的概念来描述在榜样的影响下进行

---

① 梅尔，《存在概念的哲学结构》（*Structure Philosophique de la Notion de Présence*）。

的投入。关注意味着我们对某项活动或努力有着深切的热情；我们认为它是重要的，准备为实现它发挥自身的能力，愿意为自身的发展和成功做出牺牲。法兰克福对这一现象的描述如下：

一个关注某件事的人，可以说是对这件事进行了投入。他认同自己所关注的事物，因为他使自己容易受到损失和利益的影响，这取决于他所关心的东西是减少还是增加。因此，他关注与之相关的事物，特别注意这类事物，并相应地指导自己的行为。一个人的一生全部或部分地投入于某一件事，而不是一系列不费吹灰之力的事情这一点上，那么他的一生就在致力于这件事了。[①]

在这种情况下，强调服侍的理念可能会有帮助。服侍的理念不仅意味着特定行动的功能性或权宜性，还意味着对超越个人的现实的奉献和依附。当我们服侍一个人时，我们的目标其实是实践价值观或原则。事实上，当我们在一个人身上看到一种价值观的活生生的体现时，我们就是在服侍他。只有当我们以博爱和慷慨而不仅仅是法律上的平等和义务来对待这个人时，这样的愿景才有可能实现。在服侍的过程中我们致力于一种现实，并以此更清楚地认识到对我们来说什么是重要的，我们能够为他人做什么。

---

① 法兰克福，《事关己者》(*The Importance of What We Care About*)。

除了鼓舞人心和启发性的建议，榜样还向我们展示了我们承认和尊重的义务和决心。在不同的背景下，法兰克福提醒我们，对理想的依附意味着对局限和机会的认识。[①]因为榜样体现和促进了一种理想，所以榜样的正面影响使我们能够重视和遵循这种理想。例如，自我决定的自由理想包括对责任和限制的认识。于是，理想将我们的目光转向需要承认其存在、合法性和要求的人和物，至少对我们来说是这样。没有它，我们的意志就不能得到积极权威的肯定；它有可能成为一时的倾向和冲动的玩物。因此，我们的行为遵循外部环境的要求，而不是我们个人良心的指引。没有理想，我们的生活就是不规则的、被动的；我们的欲望、愿望和想法也无法延续到特定的行动过程中。

我们去商店买一件衬衫或夹克时，发现自己有很多选择，但却没有任何指导性的偏好，这种常见的经历就是一个很好的例子：我们经常什么都没买就走了。有了无限的可能性，我们的意志就瘫痪了：如果一切皆有可能，那就什么也做不成。就像我们的感官让我们从无限可能的感觉中解脱出来一样，我们的榜样及其理想设定了限制，缩小了我们的选择范围，为我们提供了行动的动力，甚至是以毅力和创造力开始创业的动力。

最终，榜样为人们提供了稳定和持久的支撑点，使他们能够自信和自尊地完成任务。榜样给人们的生活带来明确和深思熟虑的目

---

① 法兰克福，《论理想的必然性》(*On the Necessity of Ideals*)。

标，以及实现这些目标的必要限制。考虑到缺乏榜样的后果，玛格丽特·米切利希（Margarete Mitscherlich）警告我们："我们都需要理想、榜样和目标，以此为导向，并为之奋斗。"[1]她说得对，人类需要对一种价值体系做出持久的承诺。正如我们所看到的，通过践行价值观，榜样可以在孩子的道德教育中发挥重要作用。人类也有一种基本的自我实现冲动，如果没有榜样的引导和激励，这种冲动是很难满足的。正如卡尔·雅斯佩斯所指出的，良好的教育使孩子们充满"持续一生的理想"。[2]阿尔弗雷德·N.怀特黑德还认为，理想应该激发一种教育，引导"个人理解生活的艺术"——其中最主要的是积极智慧的理想，即对知识的自由掌握和富有想象力的运用。[3]关于对自我发展的自然渴望，我们可以参考年轻人对流行文化类的偶像或帮派头目的崇拜以及模仿他们的一些身体或语言表达的渴望。如果他们对正面榜样的强烈渴望得不到满足，模仿能量找不到任何出口，孩子们就会转向那些容易接近，但行为和目标在道德上受争议的个体。积极的榜样是指一个人的影响有益于一个或大或小的群体，而且能满足超越个人的利益。追随这种榜样要求个体愿意享受集体共享的长期回报。

综上所述：多亏了我们的榜样，我们才能够确定对我们来说什么

---

① 米切利希，《榜样的终结》（*La fin des modèles*）。也可参见伍尔夫的《自我，理想化和价值观的发展》（*Self, Idealization, and Development of Values*）。

② 雅斯佩斯，《哲学与世界》（*Philosophy and the World*）。

③ 怀特黑德，《对自由和纪律的节奏性宣称》（*The Rhythmic Claims of Freedom and Discipline*）。

是真正重要的，什么值得我们尊重和钦佩，以及是什么激励我们在私人、职场和社交活动中制订计划和开展活动。假设我们是一家企业的经理或一所学校的老师，我们的领导风格将自觉或不自觉地被我们榜样的价值观和行动所塑造。我们可能会以严厉或宽容的态度对待我们的下属或学生，我们做决定可能会很迅速，或者要先对各种可能性进行深思熟虑。也许更重要的是，面对困难时，我们会发现自己具备必要的支撑和精力来坚持下去，并想出适当的方法来取得成果，为我们周围的人带来快乐。

我们已经看到，做决定需要停止手头的行动，跳出事件的轨道，评估各种可能性的本质及其可预见的后果。在决策的紧要关头，我们可能会在想象中请教我们的一个榜样，并问：如果你正面临我的处境，你现在会怎么做？而且我们常常会找到想要的答案，并通过做出必然的决定，以更大的信心和决心走自己的路。

CHAPTER FOUR

异乡人在异乡，
用灵魂去感受人间烟火

　　远离了同胞，远离了母语，失去了所有后盾，被摘下了面具，我们完全流于自我的表面。但同时，我们也使每个人和每个客体恢复了自身的奇妙价值。

——阿尔贝·加缪

在一部短篇小说中，豪尔赫·路易斯·博尔赫斯叙述了他的英国祖母与另一位英国女子的相遇。这位女子出生在约克郡，小时候随家人移民到布宜诺斯艾利斯。这名女子在被当地的印第安人俘虏并失去父母后，已经完全融入了俘虏者的部落文化中。博尔赫斯的祖母试图说服她回到原来的生活中。这完全是白费口舌。但故事的关键并不仅仅是一个年轻女孩的蜕变。当一个成年女性接触异域文化时，这种转变是必然的。在这一不寻常的邂逅之后，作者的祖母不无恐惧地意识到，她将不可避免地面临同样的命运：听从一种"比理智更深刻的秘密冲动"，她迟早会"被这块无情的大陆改变"。①

皮埃尔·莱克曼质疑"久居国外会改变一个人的人生观甚至外貌"这一说法的真实性。他指的是神学家兼哲学家德日进的一句话，德日进去北京火车站接朋友时，突然意识到，在中亚任何地方长途旅行，不一定会影响到所有下火车的人。莱克曼还想弄明白多年来在亚

---

① 博尔赫斯，《武士与女俘的故事》(*Story of the Warrior and the Captive Maiden*)。

洲不同地区的冒险旅行对他的影响有多大。他引用了作家威廉·萨默塞特·毛姆的一句话。毛姆在中国遇到一位旅行者后说："文明的世界让他厌烦，他有一种摆脱俗套的激情。生活中的怪事使他发笑。他有一种永不满足的好奇心。但我认为他的经历仅仅是肉体上的，从未转化为灵魂上的经历。也许这就是为什么，在内心深处，你会觉得他是个平庸之辈。他举止上的渺小实际上标志了他渺小的灵魂。空白的墙后面是一片空白。"①因此，莱克曼做出了宝贵的判断：旅行到一个遥远的地方并在那里久居并不一定会改变一个人。

---

① 莱克曼，《桥上的风景》(*The View from the Bridge*)。

邂逅异域文化

这些对比观察使我谨慎地提出了对外国民族、地方或文化的两种体验之间的区别。

确实有一些人在到达异国他乡的时候，会激动地探索当地居民的语言、价值体系、习俗和生活方式。他们还会注意并仔细研究街道、广场、公园和建筑物的布局。当他们在这个新环境中迈出第一步时，他们就领悟到了这个地方独特的气氛。他们会好奇它的历史、社会、政治和宗教。他们准备改变日常生活的行为方式，甚至尝试采用所在当地人的一些烹饪和饮食习惯。他们可以在不同的时间吃饭，如果可能的话，还可以和当地人一起吃饭。他们会乘坐火车，坐三等车厢，进商店，逛市场，参加一些节日活动，以便更好地感受城市或农村社区的喧嚣。他们还参观教堂、宝塔和修道院，攀登崎岖的山峰，或与居住在偏远村庄的农民一起度过轻松的日子。然而，出乎意料的是，所有这些或多或少重要的经历并没有在他们身上留下持久的印记；他们的深度与世隔绝占据了上风。任何改变的建议都无法穿透他们的人格，他们将一切充实自我的可能性拒之门外。他们固守自己的背景、观点和偏见，最多只是确认自己先前形成的观念和偏好。他们旅行不是为了拓宽和丰富他们的生活，而是为了选择适合他们既定世界观的东西。

不过还有另外一些人，他们不仅热衷于体验外国文化，还有意识地沉浸其中：他们设法去感知一切不同的新鲜事物，深入理解它，并以特定的方式对它做出反应。例如，他们不仅注意到这个地方的气氛，还能察觉陌生感对他们的影响以及他们对陌生感的反应。他们注意到人们是如何相互交流的，并逐渐学习这些交谈中的一些身体甚至口头语言。他们会发现人们在生命中某些决定性时刻的感受和想法（出生或死亡，或表达爱或悲伤），并吸收这些不同的情感和精神反应，以及将他们生活的各个方面联系在一起的东西。对陌生与熟悉、新与旧、未知与已知之间的分离和对比的明确认识，以及愿意在生活中为前者让位的意愿，在他们身上引发了一种转变，这种转变可以是轻微的、短暂的，也可以是实质性的、持久的。他们可能会意识到一种走向完全融合的"冲动"——博尔赫斯在他的故事中写过这种让他忘乎所以的"冲动"。

尤金·芬克（Eugen Fink）告诉我们，"外来者是和我没有直接共同经历的人。他的经验不一定是我的经验；起初我和他没有联系"。[1]

---

① 芬克，《哲学导论》（*Einleitung in die Philosophie*）。

芬克认为我们能够感知、理解和整合外国人过去和现在的经验。虽然这一整合发生在一个月或几年后的未来，但它对我们来说是一种真实的可能性。在没有言语交流的情况下，人们首先会感受到一个人的异域情调，以及他所处环境的特殊性质——开放、保守、悲伤、温暖、勤劳、宁静———一种整体氛围。[1]当我们欢迎来自遥远国度的客人时，或者当有人进入一个他并不熟悉的空间时，这种性质就会表现出来。让我们想象一下，一位政客错误地参加了一场他根本没有受邀的会议；或者一位技术人员被叫去修理供暖系统，却在这家人吃饭的时候在餐厅里走来走去。气氛中突然生出一种"不是我们的一分子""不属于这里"的感觉。与这个"不速之客"或"可以容忍的人"在身体上的接近，会产生距离感、拘谨感和情境性，因为这个外来者并不具备"群体的独特成分和特殊倾向"。[2]在开始一段亲密而独特的关系后，突然经历了片刻疏远的恋人之间也可能会出现同样的感觉。他们会觉得对方仿佛是在公共场所偶遇的陌生人；他们创造的共同氛围具有不友好、不信任的特征。

　　与外来者的接触突出了氛围参与的首要地位，人类在一起以氛围为基础。如果在初次接触之后，我们和外来者一起吃饭，或者参加他们的宴会或仪式舞会，就会形成一种更亲密的气氛。我们对他们有了更深的了解，也许会倾向于将他们异国情调的某些方面变成自己的特

---

① 特伦巴赫，《口味与气氛》(*Geschmack und Atmosphäre*)。

② 西梅尔，《陌生人》(*The Stranger*)。

色。外来者不仅在我们的世界之外，因此也不是我们自己人，而且还是不同的、陌生的，甚至是奇特的。具体的表现有：吃、喝、穿、崇拜、赞赏和表示好客的方式，完成锯东西或缝纫等家务的方式，以及其他日常活动。曾在美国生活过一段时间的英国作家拉迪亚德·吉卜林（Rudyard Kipling）认为，了解一个国家的唯一途径是做一个房客，与当地人打成一片，从内部体验各种事物和日常琐事。异乡必须成为一种有生命的、主观的现实，而不仅仅是一种遥远的、客观的表象。用他的话来说，"游客可能会带走一些印象，但真正让人印象深刻的，是一些小事和活动的细节（比如安装Y形屏风和烟囱、买酵母蛋糕以及被邻居说教）"。①为了积极地去感受和理解，并在广泛地了解之后融入异乡，我们必须让个人和他们的世界进行更私人的交流，在行为上而不仅仅是语言上寻找共同的兴趣点。我们必须努力把两种截然不同的经验结合在一起，以便对两者都有一个全面的认识，而且，我们不能表现出轻蔑或拒绝，我们必须给自己一种"驯服陌生并使之熟悉的手段"。②

很明显，与外国人进行语言交流并非没有困难，尤其是当我们想用他们的语言与他们交谈时。我们不仅要学习一系列的单词和短语，以及最重要的语法规则，还要学习正确的发音和对这些单词的理解。

① 吉卜林，《浅谈本人以及其他自传体作品》（*Something of Myself and Other Autobiographical Writings*）。

② 李维-史陀，《驯化陌生性》（*Apprivoiser l'étrangeté*）。

即使我们已经掌握了足够流利的语言，我们也无法控制别人说话的方式。省略的习惯、句子结构不完整、发音不清晰、语速过快会使理解变得费力而乏味。阿尔弗雷德·舒茨（Alfred Schutz）在他经常被引用的论文中，讨论了影响陌生人之间交流的若干因素。[1]他们的语言和表达具有情感价值和来自特定社会背景的内涵。即使两个人说的是同一种语言，他们的词语和句子的情感基调也是不同的。一个人熟知的东西对另一个人来说是陌生的。异国的交谈对象倾向于使用只有在多次接触后才能理解的方言和一系列行话和缩写。象征性和隐喻性的细微差别预先假定了交流双方拥有一些共同的过去经验或借用了某种文化传统的元素。这些特征恰恰说明了芬克所说的缺乏"直接共享经验的社群"。除了找机会和各种外国人谈论各种话题外，如果来访者努力建立热情友好的氛围，对异国居民采取恭敬有礼的态度，这些困难可以部分减轻。他必须注意在交流中避免含糊不清，并传达清晰的信息。在我看来，安东尼·伯吉斯（Anthony Burgess）的说法不仅适用于异国的游客，也适用于当地人，"说外语就是表演：嘴和身体都参与其中"。[2]在某些语言交流中，身体的动作被证明是必不可少的；只有通过观察对方的手或脸，才能准确地理解句子的意思。

---

[1] 舒茨，《陌生人》（*The Stranger*）。舒茨描述了一个"正在靠近的陌生人"为了被陌生团体接受而必须克服的困难。本章我打算研究一位乐于接受外国文化"好奇的陌生人或感激的客人"的经历。

[2] 伯吉斯，《我们应该学外语吗？》（*Should We Learn Foreign Languages?*）。

从这个意义上说，与异国的人和文化接触的时刻，始于一种氛围的体验，到后来表现为对话、合作或庆祝的形式，最终结果可能是一次理解和改变的真诚尝试。这些人在很长一段时间内逐渐地适应行为、技能、语言形式以及一套规范的价值观体系，这样增加的部分就不会抵消他们原有的身份和文化的所有要素。可以说，他们获得了双重国籍：他们把两个世界中他们认为最好、最中肯的东西聚集在一起，并展示出来。这种融合可能会让他们产生一种互补性与和谐感，或者一种强烈的不和谐感和紧张感。无论情况如何——观点一致或不一致——适应过程都是有益和有回报的。他们的视野倍增；他们的精神世界被丰富了。

毛姆注意到人们缺乏一种内在的丰富性，这种丰富性来自将外国文化元素置于熟悉事物所提供的更广阔的视野中的能力。当我们创造或迎接貌似是外国文化的行为（问候、示爱、谈判、准备一顿饭、布置房间、玩游戏或举行会议的方式）相遇的时刻时，我们自己的文化元素仍然作为我们感知、比较并评估事物的背景地平线而存在着。这种比较和评估是可能的，因为异国事物总是有一些相似之处。因此，到目前为止在我们生活的经济、艺术或家庭方面被认为是熟悉和传统的事物，在新的视角下获得了更高的可理解性和精确度；遇见外来事物并将之融入我们的生活，逐渐变得更容易理解和接受。从本质上讲，正是这种对比关系使外来事物更容易理解，并成为激励人们采取有效行动的跳板。在我看来，正是对立的观点、生活方式和文化的存在、接受和表达，在一个人身上创造了内在的丰富性和自我价值感。

安东尼·斯托尔在他的《创造的动力学》一书中，深入探讨了有创造力者的一些特征。[①]他们根据自己的内在价值标准发展自我改造的能力，并培养自身容忍不和谐及矛盾冲突所引起的不适的能力。他们是"内指向型的"，又对环境中完全不同的、外来的新事物很敏感。他们创造的动力来自他们对对立面和未解决的内在紧张感的认识，对外来知识保持开放、吸收外来新经验的重要性及学习和做出相应改变的能力。内部的对立越强烈，他们就越渴望把对立的两极统一起来，成为一个有序的整体。斯托尔的推测或许是正确的，即创新的动力与许多人在学术界寻求的物质享受和安全几乎没有关系。事实上，消除了对未来幸福的担忧，往往会扼杀无数人才的独创性和创造力。一个人要拥有和表达独创性与创造力，就需要接受内在的不和谐，内心还要拥有丰富的思想和感情。还要随时准备接受现在设想的新事物和从过去继承的旧事物，对未来不抱任何满足的想法。此外，有创造力的人也必须面对和接受他们的新理论和非凡成就可能面对的阻力和斗争。

如果一个人不但努力与自我保持距离，以不同的方式积极思考自我，而且与外来事物保持协调，并将其中一些元素融入自己的生活，那么自我转变就实现了。极端、僵化的观点和轻率、熟悉的模式

----

① 斯托尔，《创造的动力学》（*The Dynamics of Creation*）。

被抛弃，取而代之的是鼓舞人心的替代方案。我认为，这种融合只有在理解外来事物的情况下才有可能。但反过来，这种理解也只有在外来事物以某种方式积极和直接地被融入进来的情况下才能实现。我们可以用维克多·冯·魏察克（Viktor von Weizsäcker）经常被引用的一句话来说明这种决定性的循环："要理解（外国的）生活，就必须参与其中。但要参与（外国的）生活，就必须理解它。"①我说的理解，本质上是指了解一个现实，包括它的目的、功能、用途、意义和构成要素，这些要素相互联系，形成一个整体的方式，以及它影响其他现实关系的能力。理解可以是有用的，也可以是无用的。但无用的理解也有其特殊的用处。这些看似无用的活动——在河边散步，讲幽默的故事，在夏夜喝酒，学会一首歌——是有用的，因为它们创造了与人或事的更亲密的联系，正如我们以前所见，还能改变周围的气氛和随后的语言交流的质量。这样，我们就能理解一种日常用品、肢体语言、仪式、习俗、社交技能、语言、艺术品、宴会的意义、生活方式、一系列事件、想法，以及同胞的喜怒哀乐。

舒茨提到了陌生人在参与新社会环境的活动时必须面对的两大障碍。首先，他们认为自己是局外人，没有任何明确的社会地位；其次，他们无法认为自己对一种文化模式的理解以及他们在一种社会环境中的行为，与外国人的理解和行为方式一致。他们"看待事物和处

① 魏察克，《结构的循环》（Le cycle de la structure）。

理情况时必须正视根本差异"。① 正如我们将看到的那样，身处社会环境边缘的不适感可以使人们的眼光更敏锐，培养人们以更少的偏见调查情况的能力，并更自由地建立一个适当的定位计划。促使人们以好奇和批判的眼光，从一个不受习惯和习俗影响的角度看一种特定的文化现实（家庭内部的风俗习惯或法律制度的运作）。

不过让我们先回过头看这样一种说法，即我们无法理解和积极整合与我们自身不同的事物。维克多·谢阁兰（Victor Segalen）是一位神秘的法国作家，他摆脱了狭隘的小资产阶级环境，前往法属波利尼西亚旅行，他的作品在其1919年去世后仅几年内就被广泛传阅。谢阁兰在遗作《论异国情调》中坚持认为，与外国文化接触会导致不理解和不适应，而不是理解和融合。他是这样说的："我们不要假装我们能同化其他习俗、种族、国家；恰恰相反，我们要为自己无法实现这种同化而感到高兴；这种无能让我们能够永远享受多样性。"② 外来知识是对多样性的感知，是对根本差异的认知和接受。这种知识带来了一个好处：对自我的局限和可能性有了更深刻的认识。与一种确定的、不可简化的"差异性"的相遇，让我们回归自我；这样我们就可以更好地了解自己，并在我们熟悉的文化中获得成长的内在动力。扼杀这种成长意识的不是外来文化的不可理解性，而是多样性的消失或退化，以及现代世界所经历的日益一致性——这种单调的一致性，是

① 舒茨，《陌生人》（The Stranger）。

② 谢阁兰，《论异国情调》（Essai sur l'exotisme）。

因为部分旅客没能遇到能让他们回归自我的极端差异性；他们重视平淡的同质性，逃离与自我相遇的机会。

一致性会导致偏见、偏狭、被动，最重要的是，使人逃避自我；它麻木了一个人对自身地位和年龄的感受力；它摧毁了外来力量所提供的繁衍力，即与众不同的力量，面对自我、消除无知和自欺欺人的力量。我们要对这一严厉而准确的观察结果做出补充，即多样性的退化和消失也排除了任何有益转变的可能性。

谢阁兰设计了一项关于两性差异的研究：男人与女人之间的差异性。他相信，如果男女之间没有经历过使伴侣的差异性显现出来的震惊和偶尔的不和谐经历，那么他们之间就不会有真正的爱情。在没有这种分歧的情况下，其他的风险只会成为幻想的谄媚反映。然而，正是这种差异性吸引着男女双方，使他们意识到自己的伴侣是独一无二的，他们对彼此的感情也是独一无二的，这也使他们的相互充实和转变成为可能。

如果我们仔细研究文化本身的某些特征，就会对社会的不可渗透性以及生活在其中的人们的独特信仰和心态提出质疑。从人类学的角度来看，文化是我们所获得的思想和行为以及它们的多种结果的总和，而不是我们与其他人共享的与生俱来的能力、创造力和可能性。这种生产实践和目标的统一可能包括艺术、法律、价值、制度、习惯、信仰、知识、习俗、生活方式、工具、艺术作品和许多其他因素。文化是人们（生活在更小或更大的社会实体中）对自身世界的思考、想象、保护、表达和创造。一种特定的文化很少不受来自其他文化的决定性因素的影响。因此，美国文化包括非洲文化、爱尔兰文化或西班牙文化，同样，特定的非洲文化也包含相当多的法国文化、英国文化和葡萄牙文化元素。事实上，每一种文化多少都是"文化的文化"。[①] 此外，一种文化还有可能有意识地借用其他文化的艺术表现形式、宗教信仰、社会习俗和主导理念，从而认识到它们在塑造个人存在和集体生活方面的积极价值。因此，一种丰富的文化是不同文化之间长期相互充实的结果。反之亦然：一个社会和一群个体可能会默默地或公开地抵制、过滤或驱逐某些外来的影响。然而，在创造完全的文化同质性的过程中，完全抵制外部影响会导致一种文化的衰落。

一个社会能容忍其内部存在外来的，但在某种程度上对外来者来说是熟悉的事物；正是这种熟悉的差异性，才使它与特定的文化产生了适应性的、变革性的接触。适用于社会的道理同样适用于个人。一种文化中的外来事物可能会为来自国外的个体所熟悉，这种事物的存在创造了沟通的桥梁，在一定程度上，这使得对其他文化的令人振奋的发现，以及对其中一些元素的适当理解成为可能。如果我们能够发现两种文化之间的相似性和共同性，那么在我们的生活中吸收更多的外国元素就会变得更容易。正如艾利·海勒（Erich Heller）所说："每一种理解都取决于我们将一种特定现象与更广泛的知识或想象中

———————

① 黑夫纳，《哲学人类学》(*Philosophische Anthropologie*)；李维-史陀，《日本文化在世界中的地位》(*Place De La Culture Japonaise Dans Le Monde*)。

的熟悉事物联系起来的能力。"①这里的关键点是关联的行为：为了理解外来事物，我们必须把它与熟悉的事物联系起来，反过来，为了更好地理解熟悉的事物，我们必须把它与外来事物联系起来。乔治·桑塔耶拿（George Santayana）也提到了这种关联行为，他建议旅行者抵制寻求完全融合的冲动，转而通过继续做陌生人的方式与外国文化保持距离，"这样他的品格和道德传统就可以为他的观察提供一个比较点"。旅行的人将能以不同的方式看待自己的个人世界。他应该是"一个重组所见之物的艺术家；这样，他就能把这幅画作为正确的真理观，而不是各种各样的经验，添进可转移的智慧宝库。"②

---

① 海勒，《木偶剧院的拆除；或者心理学和对文学的曲解》(*The Dismantling of a Marionette Theatre; Or, Psychology and the Misinterpretation of Literature*)。
② 桑塔耶拿，《人物与地点》(*Persons and Places*)。

以不同的眼光看世界

　　让我们来探讨两个重要的问题：我们如何遇到对人生影响重大的启示时刻，以及相对应的是什么使我们的思想和行动的有益转变成为可能？赫尔穆特·普勒斯纳在他关于"感知人类事务的方式"的文章中提出了这些问题。众所周知，在我们熟悉的环境中的日常生活里，当我们与人们接触，回应他们的需求，处理我们的事务时，我们的视野是非常有选择性的，只会专注于一些特定的领域，漫无目的和轻率地在许多其他领域徘徊。我们倾向于透过传统、习惯、目标和熟悉的语言表达来看待他们。因此，我们往往对那些似乎是直接和不言而喻的，但在我们的日常事务中没有实际作用的东西视而不见。路德维希·维特根斯坦指出："事物身上对我们最重要的各个方面往往是隐藏起来的，因为它们既简单又熟悉。"①

---

① 路德维希·维特根斯坦，《哲学调查》（*Philosophical Investigations*）。

为了了解所有这些日常现实及其丰富性和复杂性，我们必须"以不同的眼光"来感知它们。当我们与日常现实保持距离，脱离我们熟悉的环境时，我们就会开始看到事物和人的密度和丰富性；我们甚至可能把它们看作不熟悉的、不寻常的、奇怪的现实。我们必须逐渐地抛弃旧事物，培养我们理解新事物的能力。"只有不熟悉的事物才能唤醒我们真正的意识，"普勒斯纳写道，"我们需要距离才能看见东西。"①

然而，奥多·马奎尔认为，在一个"极度超脱世俗"的时代，一切都在以越来越快的速度变化，不断地变化使周围的世界变得陌生，人们需要培养"对平常事物的欣赏"，并接纳使用带来的熟悉感。为了应付周围世界正在发生的变化及其所造成的连续性的丧失，他们需要培养惯常做法、习俗、习惯和传统，并充分认识其持久的熟悉性。马奎尔声称，这些连续性所提供的熟悉感现在已经变得不可或缺。②当然，我们需要珍视我们对这个世界的熟悉感，以及它所提供的令人安心的稳定性，以便忍受我们日复一日被迫面对的持续的、时而令人不安的变化。但是，为了真正领略熟悉事物的各个方面，以及它在"定向危机"中的补偿价值和有益影响，我们还需要从新的、不寻常的和外来者的角度来认识这些方面。与不熟悉事物的迷人邂逅所带来的间歇性中断，可以充分满足对熟悉事物的连续性的更大需求。

① 普勒斯纳，《以不同的眼光》（*With Different Eyes*）。
② 马奎尔，《不善言辞的时代》（*The Age of Unwordliness*）。

我们需要"用另一双眼睛"看事物来触发、强化和扩大我们的陌生感。因为我们变得太容易习惯自己熟悉的世界，因此失去了感知其丰富性和完整性的能力，圣奥古斯丁（Saint Augustine）建议我们向外邦人展示我们熟悉的世界，同时，亲自成为一位外邦人，以便重新感知这个世界。他问道："当我们向那些新来者展示某些愉人场景时，他们对新体验的愉悦感会使我们看见这一场景时产生新的快乐，尽管我们日复一日地经过这一场景，却因为太过熟悉而视而不见。这难道不是一种常见的体验吗？"[1]我们不需要服用任何化学物质来引起这种放大的知觉。我们只需要在熟悉的现实世界里成为一个外宾，体验一种"新的快乐"。要获得敏锐而充实的感知，熟悉的事物必须变得陌生；我们必须把自己当作探索异域的游客来参观这个城镇。换句话说，当我们能够从某些习惯和成见中解脱出来时，我们就能接受那些我们通常没有注意到的形式和行为。

我们通常认为客人是那些去了定居地以外的人。做客要么是一种他们深深感激的特权，要么是一种他们支付适当金额购买的权利。在这两种情况下，无论是在朋友家还是在酒店，他们都被要求尊重和体贴地对待人和物，并遵守一些规则。真正的客人对待他们访问的任何环境都是敏感的；他们会适应具体情况的要求，能够保持一定的克制和适当的保留。虽然客人与主人之间没有亲密感，但客人会带着"宾

---

[1] 奥古斯汀，《论教育未开化者》（*On Catechising the Uninstructed*）。

至如归"的感觉进入主人的生活空间和社区。在这个空间里，疏离感和迷失感是不存在的，但会存在陌生感以及应有的尊重。

另一方面，当我们去到陌生的地方，却没有作为客人受到欢迎时，我们经常会感到迷惑和疏远。街道、房屋、商店、窗户和门迎接着我们，却没有任何熟悉和诱人的迹象。人们和他们的行为常常使我们联想到不友善、急躁和阴郁的面貌特征。加布里埃尔·马塞尔（Gabriel Marcel）在他的一篇随笔中讨论过"一个孩子在旅行或搬家时感受到的痛苦，以及我们在某个丝毫没有家的感觉的旅馆房间里都经历过的难以名状的悲伤"。[1] 由于我们感觉到并试图缓和类似的剧烈不安感，我们倾向于只寻找看起来熟悉的东西，比如教堂、餐馆或公园，当我们开始运用自己的参照点时，我们往往对这些令人不安的异域特征变得不那么敏感。对于在马略卡岛的帕尔马逗留了一段时间的阿尔贝·加缪来说，咖啡馆和法国报纸提供了一种安全的熟悉感："一份用我们自己的语言印刷的报纸，一个让我们在晚上能与其他人接触的地方，使我们能够模仿在家时的熟悉姿态，而从远处看，这个人却似乎如此陌生。"[2] 熟悉的现实使他感到更自在，减轻了他的不安感，在一定程度上减轻了他与周围的人和环境的疏远感。因此，我们要么只关注熟悉的事物，要么将我们自己的抽象概念和道德解释应用于时不时出现的事件和社会互动中，从而过滤知觉场。我们第一次在

---

① 马塞尔，《关于处境的现象学笔记》（*Phenomenological Notes on Being in a Situation*）。

② 加缪，《热爱生活》（*Love of Life*）。

一家不知名的商店购物，或者阅读陌生学者的书籍时，也会经历类似的过滤程序。我们只会在货架上注意到我们喜欢的食物，或者只从书本上吸收我们知道和珍视的知识。我们仍然不会注意到一种奇异的水果或一种不寻常的观察结果。在这个过程中，我们会无意识地回到过去的文化环境，根据我们熟悉的文化来评价我们周围的人和物，生活在熟悉文化中的我们会有一种安全感和自信感。在从北美乘船返回德国的途中，哲学家约瑟夫·皮珀（Josef Pieper）遇到了一些因为想亲眼看看新大陆而在美国待了很久的乘客。"用自己的眼睛：这正是困难所在，"皮珀在回到他的船舱后指出，"在甲板上和餐桌上的各种对话中，我总是惊讶地听到几乎无一例外的概括性陈述和声明，它们显然是旅游指南的常见内容。"[1]的确，这些人甚至缺乏了解外国文化的基本条件，而他们却想与之进行直接接触。

正如我前面所说的，我们常常需要熟悉的事物充当垫脚石，才能看到和接受陌生的现实。相反，在没有任何干扰或抚慰的帮助下，我们敢于直接而坚定地寻找外来事物，并欢迎它的异域性。但是，我们为何以及应该如何毫不绕道地培养与外来事物的协调性呢？康拉德·洛伦兹（Konrad Lorenz）讲述了一个关于暹罗国王朱拉隆功（Chulalongkorn）的故事。朱拉隆功作为皇帝弗朗西斯·约瑟夫（Francis Joseph）的客人，被带到了维也纳歌剧院。官员们非常想讨

---

[1] 皮珀，《学会再次看见》（*Learning How to See Again*）。

好皇帝，于是就在一场歌剧表演之后，问皇帝最喜欢音乐表演的哪一部分。他回答说："在傍晚开始时表演的短剧。"进一步的询问表明，这位来访者指的是演出前管弦乐队成员的不同步练习，而不是歌剧的序曲。国王对他所熟悉的东西表现出了明显的偏爱，但这对维也纳听众来说显然是陌生的。①

这个故事告诉我们，国王和东道主对音乐、艺术有自己的结构性理解，这种理解是他们在特定文化环境中所接受的教育的结果。这也说明了他们在正确理解外来形式方面的困难。为了成功，他们不仅需要与这些形式建立反复的联系，而且还需要对根本不同的东西采取适当的接受态度。如果不能牢牢掌握住自己文化中所学的东西，他们就不能采取这种态度。如果他们将所获得的文化储备（概念、思想、理论、行为、态度）置于背景之中，并采取一种寻求和建立对比的立场，他们就能够发展出所期望的接受能力。这样他们就能够以一种不带偏见的心态去感知新奇和陌生的事物。这种对外来事物的距离感和对比感，也要求我们有一种不安的意愿，把学习和忘却结合起来，把对我们文化根源的依恋与淡漠结合起来。

但这个故事之所以有意义还有另一个原因。通过与不同现实的远距离接触，人们能够更好地比较熟悉事物和陌生事物——在本例中是"旋律"音乐和"混乱"声音——并对他们长期以来所熟悉的和现在

---

① 洛伦兹，《人性的衰退》（ *The Waning of Humaneness* ）。

看来有些陌生的事物有更高的认识。他们通过"其他的耳朵"来感知熟悉的声音。为了理解并勇敢地重新思考他们自己的文化，他们对其所有元素的理解，这些元素产生的传统及其对未来的努力和创作的决定性影响，他们必须与自己熟悉的看法和根深蒂固的观点保持距离，并从另一个由陌生事物为他们开启的视角来评估它们的关联性。

按照这个例子，我们现在更清楚地看到了陌生现实和观点，以及我们与其直接接触的那些令人不安，有时甚至令人痛苦但却十分有益的时刻的高度重要性。通过接触陌生事物，我们可以回归自我，重新审视自己，更好地了解自己，最终改变自己。陌生事物不仅可以是一片遥远的土地，也可以是生活和工作在这片土地上的人，还可以是哲学家、艺术家或小说家的作品。他们的"陌生视野"，他们感知、描述和接触事物和人的方式，一下子开阔了我们的眼界，促进了我们对各种人类现实——宗教信仰、教育实践或人际交往形式——的形成和演变的更高理解。这些现实存在的形式多种多样，也需要重新评估和改变。同样，陌生事物可以是在我们眼前的文化环境之外遇到的各种现实：餐馆、墓地、城市、教堂、学校、休闲活动，招待客人的方式或宗教仪式。在此，我们可以再次借着它们引人入胜的吸引力，以便远离显而易见的东西，认识到已获得的距离和丰富性，并从中获得好处。

在人类关系的某一特定领域中，对外来事物的敏感性是不可缺少的，必须有意识地加以培养。成功的外交工作需要偏离自己平常的观点，从另一个人的角度来看待各种局势和问题。训练有素的外交官被派往不同的国家后，能够支持甚至赞同他们各自伙伴的想法和建议。除了对他们的观点进行有益的修改外，他们还获得了一种更高的视野，是从某个高度来看待谈判的话题。这种对问题和解决办法的态度使他们不会忘记自己国家的利益，这是由在外国长期停留以及随之而来的分享当地人民的历史根源和特殊思想的意愿造成的。因此，他们定期返回自己的国家和"被调到新职位的智慧"培养了他们对自己所关心的问题保持警惕和坚定不移的执着，同时又不会剥夺他们以他人的眼光看待某一特定问题的能力。[①]对不同于自己的心态的敏感反应无疑是外交艺术中最重要的品质。这种敏感性使驻外外交人员的个性因外国文化因素而得以丰富。这是匈牙利外交官米克洛·巴恩菲（Miklós Bánffy）的观点，他认为多年来，正是他写戏剧、长篇小说和短篇小说的经验帮助他获得和发展了这一重要品质，因为写作艺术首先需要有能力将自己投入到虚构或真实人物的头脑中。[②]

---

① 参见让-弗朗索瓦·德雷蒙在他的《外交精神》（*L'esprit de la diplomatie*）中的精细分析。

② 巴恩菲，《凤凰城》（*The Phoenix Land*）。相反，巴恩菲在一些文学作品中委婉地表达自己的观点时，他的外交技巧发挥了作用。

什么能帮你看得更透

现在让我们看看还有什么其他的经历能够把我们的视野从我们熟悉的文化环境中解放出来，与那些我们似乎看得很清楚但仍然不了解的事物和人之间创造了必要的变革性距离。也许更重要的是，什么能帮助我们看到一个陌生现实的特殊陌生性，以开放的思想和开放的心灵来看待它，并通过达成理解，把它的一些元素引入我们的生活。

当我们愿意停下来反省，提出问题，在得到答案并对其进行审视之后，我们愿意修正已经获得的知识和信念时，我们就能与自己的处境保持距离，以一种不带偏见的心态面对陌生现实。我们常常不能把别人看作独特的存在，不能向他们展示正确的行为方式，因为我们无法将自己从固有的偏见和与他们相处的习惯方式中分离出来。我们倾向于把我们面对的人分成一系列抽象的类别。看到他人的个性并理解他们需要距离，需要有能力使我们的言行适应他们的具体情况和行动。通过提问，我们打破了生理或心理活动的常规，并与我们自己和我们想要更好地了解的人之间保持了期望的距离。不仅是思考、想象和观察，都要求我们与具体情况和自我保持距离。[1]随着我们逐渐深入地融入外国文化，我们可能会停下来，询问周围人的性格、动机、兴趣和欲望。我们逐渐巧妙地努力超越一般的和非个人的特质，追求构成一种文化和生活在这种文化中的人的独特性的特质。为什么悲剧发生时，这个年轻女子会微笑？为什么我的邻居似乎从不公开和直接地说出他的心事？当我的日本同事使用不寻常的比喻时，他在想什么？他想说什么？在任何情况下，为了达成理解，外国人也必须对我们说话；一个手势，一种态度，一句话或一个事件，必须被理解为有意义的现实。意义最初出现在我们的反省性求知行为中；它承载着一种意义，不管它是多么模糊或模棱两可。

这个问题可能是人类总的求知行为的一部分。当我们仔细又带着疑问细品一个外国城市的景色，并意识到它的主要部分，也许是一个商店，所有色彩缤纷的商品，以及我们面前可敬的商人，都不再以平庸而冷漠的外表出现时，我们会开始好奇；它们突然而直接地出现在我们的视野中，既陌生又熟悉。当我们意识到我们最初所认为的习惯性行为——吃饭或购买食物——突然呈现出其独特的性质，并需要相当大的努力时，我们会感到好奇。令人震惊的首先是一种事物（商店）和一种行为（吃饭）的存在，事实是事物和行为是存在的，也都

---

① 施特劳斯，《人类：质疑着的生物》(*Man: A Questioning Being*)。

能被我们所有的感官感知到。当我们对日常生活中的事物和行为的非凡存在感到好奇时，我们可能也会问自己为什么以及如何能够注意到我们周围的所有这些形式和运动。然后我们看到，我们是与各种有生命和无生命的现实进行感官接触的存在。通过我们的感官，我们不断地、毫不费力地与一个丰富而充满活力的世界建立起一种"伙伴关系"。①这种主要的感官接触把我们带入了一个由颜色、声音、气味、热量和寒气组成的神奇领域。在那一刻，我们不仅能够更好地观察、信任和了解在这个日常生活世界中遇到的事情和行动，而且一段时间之后，我们也会迎来将它们融入生活并感受到其带来的充实感和丰富感的那一刻。然后，关于我们能够在生活中实现人生这一事实的奇妙之处在于，我们能够强化我们对生活的体验。我们第一次注意到并欣然接受可能发生和必须发生的事情，超越我们熟悉世界的界限，开始在另一个陌生的世界里感到宾至如归，从而强化我们对生活的体验。

在好奇的那一刻，我们静静地站着，引入提问的距离，密切关注不再明显的事情或人，寻求超越显而易见和理所当然的东西，或者不透明和晦涩的东西，开始探究一些隐藏的、仍然未知的因素、事实或原因。我们这样做是因为我们真正地对事物的特性感兴趣，我们被它迷人的存在所吸引，我们试图用仁慈的眼光去感知它。我们可能会被

---

① 黑夫纳，《惊奇》(*Staunen*)。

两个物体之间不寻常的关系、意想不到的事件、奇怪的形式或反常的行为所吸引。当我们停下来思考这些奇怪的现实时，我们可能会承认，我们的知识是片面的或完全不充分的，因此不足以为我们提供我们想要或觉得我们需要的信息和方向。相反，缺乏好奇感的部分原因是我们不愿停下来，不愿逗留，不愿关注周围环境，不愿提出问题，不愿把自己置于这样一种境地：其中的事物通过展示它们的实用相关性或神秘诗意，可以修改或拓宽我们对世界的认识。

但是，好奇不仅仅是我们自愿停下来去关注和面对看似陌生和非凡的事物的结果。相反，我们是被拦下了，我们的注意力受到一些事物的强烈影响。好奇意味着我们被某种事物所吸引，被通常看似普通而不证自明之物的新奇和陌生所深深触动。因此，好奇是一种经验，它涉及并激发我们的智力、想象力和感受力。当我们敞开心扉接受好奇的礼物时，我们会体验到各种各样的困惑、怀疑、惊讶、吸引、谦逊、热情、悲伤或快乐。这些情绪状态以它们的顺序调节着我们的眼睛浏览事物和我们的大脑寻求理解的速度。

通常是一种困惑或好奇的感觉促使我们提出问题。这个问题的接受者可以是我们碰巧在国外遇到的一个想更深入地了解的口齿伶俐的人。显然，为了提问和理解答案，我们需要说一种共同的语言。发起的这项对话有助于我们了解一个人或物质现实是如何呈现在这个人面前，以及他的观点和信仰是如何在社会和地理环境中形成的。我们不只是询问任何一个客观和细致的观察者都会注意到的可观察到的事实，我们还会问一些关于对这个人来说很重要，甚至是至关重要的现实的问题，我们希望更深入地了解他所看到的世界。通过熟悉一个特定的世界，我们也会更好地了解这个人。正如J.H.范登贝尔赫（J.H. van den Berg）正确地指出的那样："当我们要求一个人描述他称之为己物的东西时，也就是当我们询问他的世界时，我们就会对他的性格，他的主观性，他的本性和他的状况有一个印象。不是他'重新思考后'看到的世界，而是他在日常直接观察中看到的世界。"[①]

在谈话的开始，当两个人面对面时，会有一个难以捉摸、反复无常的时刻，在此时刻，这次见面的主要特征就确立了。这一时刻对于打破陌生人之间的僵局，从而创造一种开放和自信的氛围，促使这次谈话成为一种相互充实的经历具有决定性的意义。僵硬或随意的姿势，眼睛和嘴的动作是初次见面不可缺少的元素。很明显，它的前提是我们默认对方是一个认真的、有同理心的、值得信任的伙伴，他可能会教我们一些东西，或者要求我们修正一些观点。当我们带着同理心和真诚的接受度参与对话时，我们便能够用对方的眼睛看世界，并在面对不同的、有启发性的、甚至是令人不安的事物时培养乐于接受的性格。因此，正如乔纳森·萨克斯（Jonathan Sacks）所建议的那样，"我们必须学习谈话的艺术，真理不是像苏格拉底式的对话那样，通过驳斥虚假而显现出来的；而是通过允许我们的世界因思维、行

---

① 贝尔赫，《不同的存在》（*A Different Existence*）。

动和理解方式与我们完全不同的其他人的存在而扩大的过程显现出来
的。"①

　　但是，当我们在陌生人家里见到他时，谈话的艺术是什么呢？当
然，保持问题和答案的展开，并从这个人身上获得新的想法和观点是
一种技能。在提出问题之后，我们必须愿意倾听答案，并真诚地准备
从对方的角度来审视问题，但倾听远非一种被动的行为。有几种方法
可以表明我们正在密切关注。我们可能会复述对话中的一些词，以突
出评论中看似重要的内容，或者只是用认真的面部表情来表达我们的
兴趣和注意力。我们可能会无意识地根据谈话者的节奏、起伏和音调
来调整我们的讲话。成功地模仿惯用语和发音可以使交流更加生动有
趣。我们往往忘记，谈话不仅仅是口头上的问答。正如我已经指出
的，我们发现自己面对着另一个有生命的躯体；我们呼吸的空气包围
着两个人；我们对自己和伙伴之间的距离很敏感；我们会看到所采用
的姿势，观察手的动作，并注意面部表情。前额、眼睛和嘴巴的细微
动作可以产生显著的表达效果；它们可以用细微的差别和各种附加的
意义来丰富言语。奥尔德斯·赫胥黎（Aldous Huxley）指出，"面部
表情对我们来说非常重要，因为正是通过观察面部表情的变化，我
们获得了关于我们所接触的人的思想、感情和性格的许多最有价值的
信息"。②我们听到对话并理解它们的意思。然而，我们从一个人那

---

① 乔纳森·萨克斯，《差异的尊严》（*The Dignity of Difference*）。

② 奥尔德斯·赫胥黎，《看见的艺术》（*The Art of Seeing*）。

里获得的非语言的感觉和气质印象也为我们的专心倾听提供了有力的补充。

我认为，还有一种美德在交谈艺术方面值得一提：幽默的美德。我已经指出，幽默可以改变我们与周围环境的关系。通过幽默，我们能够在一定程度上，以一种更放松和更批判的方式公正地看待人类的行为和成就。荷兰学者扬·林舍滕（Jan Linschoten）在一份值得一读的研究报告中，强调了幽默的悖论性特征，他说："一方面，幽默需要距离和视角；另一方面，它创造了一种与人类的亲密关系，一种对自己的人性和他人的本性的认识：尽管荒谬，但它也是美好的。"也许更重要的是，这种对人类生活的不同形式的兴趣，与对整个人类的深情和坦率的理解相辅相成，因为这些经常在笑话或双关语中表现出来。这种幽默在谈话的过程中留下了印记，并创造了欢乐、自信，甚至同情的气氛。一句温文尔雅的幽默话语带来的微笑，或一个有趣的笑话带来的笑声，会产生立竿见影的效果；它能立即帮助你克服疏离的障碍，建立一种更放松、更信任的关系。

除了与我们持不同观点的外国人交谈外，不同的外部环境也可以帮助我们停下来，"用另一种眼光"看问题。正如我已经说过的那样，用一个相当贴切的法语单词来说，身处遥远国度的我们会觉得"*dépaysés*"（不自在）。在熟悉的环境中，我们通常会依靠安全的参照点，在没有这些参照点的情况下到处走动或与人见面，可能会让人深感不安，并造成压力或焦虑。但早期的不适会让人获得相当大的益处和智慧。正如在困难、动乱和危险的时候，我们会从新的角度看待我们自己生活的主要阶段、成就和缺点一样，当我们经历不可预见的痛苦时，我们也能意外获得对外国文化的了解。正如普勒斯纳所说："痛苦是心灵之眼。它唤醒了我们的新意识，解放了我们的视野，使我们能够抵抗偏见的折射和混浊。"①在异国他乡，当我们经历孤独和失落时，我们会看到陌生事物的一切细节，以及那些以前似乎显而易见和理所当然的东西。压力使我们警觉的头脑同样能注意到生活中出现的各种现实障碍和潜在的挑战；它让我们感受到现实的刺痛感。更具体地说，试图与外国社群建立令人满意甚至是使人充实的联系，可能是因为感到孤立和疏远。精神上、道德上或身体上的痛苦，不仅可以唤醒对外国文化的更好理解，还可以培养有意识地同化习俗和习惯的努力，以及对归属感的真诚渴望。被陌生人帮助的经历，以及通过陌生人摆脱不适或困难的经历，以及学习、适应和改变的经历，在许多人的人生过往中仍然是不同寻常和令人难忘的。

在他著名的诺贝尔奖获奖演说中，亚历山大·索尔仁尼琴（Alexander Solzhenitsyn）提出了一个关于理解他人一生经历的可能性的根本问题："谁有能力让一个狭隘的、固执的人意识到他人遥远的悲伤和快乐，让他理解自己从未经历过的维度和错觉？"②拥有这一能力的正是文学。通过阅读或聆听作家和诗人的作品，我们可以更好地

---

① 普勒斯纳，《以不同的眼光》（*With Different Eyes*）。

② 索尔仁尼琴，《诺贝尔获奖演讲》（*Nobel Lecture*）。

理解那些被视为熟悉和简单的东西，以及那些实际上充满了微妙和神秘之处的东西，领略那些在时空上离我们很远的人的生活。文学使我们超越日常思维和生活；它在新的光芒下揭露了平凡和惯常之物；它使我们通常认为没有光彩和意义的事物焕发光彩；它还以各种各样的形式把异国情调呈现在我们面前。在另一场诺贝尔奖获奖演说中，帕特里克·莫迪亚诺（Patrick Modiano）表达了与44年前索尔仁尼琴相同的观点：

> 我一直认为，诗人和小说家能够给那些似乎被日常生活压倒的个人，以及那些表面上平淡无奇的事情赋予神秘感，而他们之所以能够做到这一点，是因为他们反复持续地关注着这些事物和人，几乎达到了痴迷的状态。在他们的注视下，日常生活最终被笼罩在神秘之中，呈现出一种黑暗中发光的特质，这种特质不是乍一看就有的，而是隐藏在内心深处。诗人、小说家和画家的职责就是揭示存在于每个人内心深处的神秘和在黑暗中发光的特质。①

在对约瑟夫·康拉德作品的精辟分析中，V.S.奈保尔（V.S. Naipaul）恳请小说家不要忽视小说的主要功能：为我们这个世界的所有微妙之处和奇迹提供富有想象力的视角和思考。他说："和画家一

---

① 莫迪亚诺，《瑞典学院演讲》（*Discours à l'Académie suédoise*）。

样，小说家不再认可自己的解释功能；他会寻求超越这一功能；我们所生活的这个世界总是崭新的，未经检验，未经深思；也没有人去唤醒真正的好奇感。这也许正是古往今来小说家的目的所在。"①有人可能会反对说，关于"我们所生活的世界"的故事会使我们对作家有了一定的了解，而不是对生活的直接了解，因为这是我们必须自行获得的东西。我们最多只能将这个人的认知与我们对一般人的行为及其所想、所感和所说的认知进行比较。②这种论点的问题在于，它假定我们的观察和辨别能力与作者一样好，还有我们对生活的直接或想象的认知与作者相当。但作者对生活的直接认知与我们不同。生活中充满了我们没有注意到的细节。无论是我们自己的行为还是他人的行为，大多数时候都是在一种忘我的状态下进行的。我们有目标要达成，有问题要解决，有具体的任务要完成。我们没有注意到，也没有明确地审视每时每刻的思想、语言和感情。我们没有机会，也没有欲望去思考我们的内心世界，或者进入人们的思想和心灵。我们外部生活的许多方面，根本无法吸引我们的注意力，或被彻底遗忘。就我们自己和我们的同胞而言，为了看到和记住生活的丰富性和多样性，我们需要某种训练或辅导。"这种辅导是辩证的，"詹姆斯·伍德（James Wood）说，"文学使我们更好地注意生活，我们要对生活本身进行实践；这反过来使我们更好地阅读文学中的细节，又使我们更好地阅读

---

① 奈保尔，《康拉德的黑暗》（Conrad's Darkness）。
② T.S.艾略特在他另外一篇著名文章《宗教与文学》中为这一观点做了辩护。

生活。以此不断循环往复。"①

即使我们学会了关注现实生活或想象生活的许多细节，我们仍然可能会错过生活中的本质，错过赋予整个生活及其某一特定实例意义的东西。然而，许多小说或短篇小说揭示了人们赋予命运和构成命运的所有决定性行动的意义。这种意义并不总是明确地表达出来；直接的陈述往往缺乏说服力。相反，它会通过行动和对话显示出来，而且往往是不言而喻的。但是，即使我们并不熟悉这些人物和他们的世界，即使有时我们不知道如何立即将这一意义融入我们自己的世界，故事的隐含意义也会逐渐形成，或者可能是几次阅读之后在我们的脑海中形成。②然而，当我们阅读契诃夫（Chekhov）或冯·克莱斯特（von Kleist）的故事时，我们往往不能理解事件和行为的潜在意义。相反，我们开始面对事物和人类努力最终的不可理解性和陌生感。这些作家往往把生活中未解决的矛盾留给我们，无法或不愿揭示人们最深层的动机和特征。我们合上书时对小说家的印象是，他无法接触到他笔下人物的秘密思想。③然而，正如C.S.刘易斯（C.S. Lewis）所正确指出的那样，还有许多其他作家使我们有可能"极大地延伸我们的存在"，而且，由于他们拉近与我们与他人距离的非凡能力，我们能够置身于他们的小说的主人公的生活中。通过阅读他们的故事，我们

---

① 伍德，《小说机杼》（*How Fiction Works*）。

② 帕托卡，《作家及其对象》（*L'écrivain, son objet*）。

③ 维津采伊，《时来运转的天才》（*The Genius Whose Time Has Come*）。

开始"用另一种眼光去观察"，用别人的心去感受。我们"扩大"了我们的存在；我们看到、想象和感受到的是别人看到、想象和感受到的，而我们这样做时并没有迷失自我。正如刘易斯所断言的那样，我们获得这种能力"不仅是为了看看他们是什么样子，也是为了看看他们看到了什么"。①

另一位英国作家D.H.劳伦斯（D.H.Lawrence）告诉他的读者，要从差异和异性的角度来看待美国和美国文学："我们和美国之间存在着一条难以想象的鸿沟，越过这条鸿沟，我们看到的不是我们的同胞在向我们发出信息，而是陌生人、难以理解的生物，也许是我们自己的拟像，是来自另一个世界的其他生物。"正是真正的美国文学提供了了解他者的最佳途径。只有艺术语言才能揭示一个民族的全部真相。而美国的艺术语言揭示了美国普通语言几乎刻意隐藏的事实。②这整个真相是什么？许多美国作家的故事让我们得以一窥普通人日常生活的陌生、惊奇和沉闷，从而为我们真正理解和发现所谓的美国现实创造了适当的条件。在这个现实的核心，在所有令人误解的表象之下，有一种无处不在的孤独感，总是处于世界的边缘，从来没有真正属于一个地方或社区。注意力被分散的游客没有察觉到这种异常的感觉，因为他们被许多美国人民表面上的合群和友好、健谈误导了。然而，这种孤独感仍然是北美的根本状况之一，那些看透了大小社区、

---

① 刘易斯，《批评之实验》（*Experiment in Criticism*）。

② 劳伦斯，《地之灵》（*The Spirit of Place*）。

家庭、工厂和办公室表面上的都市化的作家们，会用敏锐而切合实际的话来详述这种孤独感。许多经典美国小说和故事中的主人公都是孤独的人物：与一个特定的地方隔绝，不相信权威，渴望同胞的爱、认可和理解，渴望更温暖的人际交往体验，这能够为他们的存在赋予更深层次的意义。[①]

创造艺术语言的思想使我们产生了使事物变得奇怪，故意使之陌生化，使用在文学研究中广为人知的"陌生化"技巧的想法。作家在他们的作品中引入扭曲的元素（选择性、偏好性、夸张、结构大胆），以使读者对他们所写的特定地方和文化更敏感。他们的"扭曲的想象力"创造了一个"奇怪、奇妙、可怕、梦幻的世界"，[②]矛盾的是，正是作家创造各种各样的人，并把他们置于各种不寻常的情境中的能力，使现实变得容易接近和理解。至于读者，要理解那些离他们很远的人，他们的喜好和厌恶，以及他们的行为方式，同样需要生动的想象力。我们也许还记得早期接触到的生动的民间故事，或者伏尔泰的《老实人》、圣·埃克苏佩里的《小王子》、马克·吐温的《神秘的陌生人》等引人入胜的读物。这类精彩小说从未失去其重要性，并继续被全球数百万人阅读和欣赏。它们传达了关于人类生存和人类冲

---

① 约翰·威廉姆斯于1965年首次出版的《斯通纳》（*Stoner*）就是这类小说中一部不同凡响的作品。关于孤独的主题，参见桑顿·怀尔德的《美国孤独》（*The American Loneliness*）。

② 弗莱，《创造和再创造》（*Creation and Recreation*）。

突的普遍和永恒的原则。他们创造和利用了一个道德世界，在这个世界里，人类和他们行为的源泉，以及作者提供的背景，都以明确而具体的形式出现。现实主义无疑是详尽描绘可见的行为及其背景的最有效的方式；然而，虚构主义可以更令人信服和更直接地告诉我们人物的内心世界，以及他们含糊不清的动机和行动过程，而不会让我们被无关的信息分散注意力。它帮助我们将注意力集中在看似重要的事情上，同时又不脱离具体的事情。虚构主义使我们能够更好地了解虚构人物，因为他们不属于我们的日常生活，我们也较少参与他们的观点和行动。但是虚构主义不仅仅能提供一种视野。正如C.S.刘易斯恰如其分地指出的那样，"它可以给我们带来从未有过的体验，因此，与其说它是在'评论生活'，不如说它是对生活的补充"。①

即使是偶然遇到生活在异国他乡的男女，也可能会让我们了解到他们的一些观点和看法。我们还会注意到他们对他人的态度，以及他们对周围环境中重要事件的判断。虽然我们可能掌握这些信息，但仍然不能掌握他们的内心状况和情绪状态。我们仍然不知道他们为什么会以某种方式行事，是什么让他们犹豫不决，为什么他们会坚持一些观点而抛弃另一些观点，他们是如何选择和解读事实的，为什么他们会有内心的独白。我们不知道为什么他们不能坚持自己的信念，为什么他们在与朋友、配偶或其他成员的互动中会达到不可逾越的极限。

① 刘易斯，《有时童话故事也许能最好地传达说话者意图》（*Sometimes Fairy Stories May Say Best What's to Be Said*）。

为了解他们的世界观和行为的内在源泉，我们需要超越他们的日常语言，他们在社会中扮演的角色，他们的工作和休闲活动的特点，更多地了解他们的倾向、欲望、自我欺骗和情感冲动。

文学揭开了由人类行为引发的情感反应以及由情感引发的人类行为的领域，并帮助我们理解它对自己和他人生活的影响。这种联系通常隐藏在我们的视野之外，因为我们倾向于掩盖它，或者说服自己，情感是盲目的或混乱的，因此在我们的"公正"决定和"理性"行动中不起作用。普勒斯纳写道，艺术家的视野"让人际关系中看不见的东西能够被人看见，因为它是熟悉的；在这场新的邂逅中，理解发挥了作用"。① 在男人和女人、父母和孩子、老师和学生之间的关系中，这种看不见但又熟悉的东西可能是钦佩、怨恨、恐惧、自信、信任或其他心理状态。作者可能会使熟悉的人际关系变得陌生而有意义，或将这种共同的关系与读者可能在某种程度上共享的更广阔的背景或世界联系起来。在这两种情况下，人类处境的情感基调，以及观点、信仰、原则和行动的形成，都是显而易见和可以理解的。然而，正如D.H.劳伦斯所说，语言符号代表一种思想或一种观念，文学中使用的符号——艺术符号，艺术术语——代表着一种情感和激情，精神和感性兼备的纯粹体验。换句话说，一部小说不仅向读者传达了一个历史时期的普遍习惯、传统和习俗，最重要的是向读者传达了人们的整体

---

① 普勒斯纳，《以不同的眼光》（With Different Eyes）。

心态或"存在状态"，他们最大的挑战，是在他们作为独特个体所希
望成为的样子和作为社会的普通成员应有的样子之间找到令人满意的
平衡。

附记：促进跨文化交际

从事严肃人类研究的最杰出的哲学家——马克斯·舍勒、赫尔穆特·普勒斯纳、迈克尔·兰德曼（Michael Landmann），以及之后的格尔德·黑夫纳（Gerd Haeffner）——都一再强调文化参照系多样性的重要作用，没有这些参照系，人类就不可能存在。他们承认多元文化形式的价值，用兰德曼的话来说，他们呼吁"对外国文化的热爱沉思"和采纳这些文化所产生和珍视的思想、习俗和价值观。人类创造的不是一种单一的文化，而是大量的文化，这要归功于人类的多样性和创造性。

更重要的是，不同的文化拥有基本平等的权利。根据兰德曼的说法，"一切有机发展起来的真正必要的事物都包含一个终极意义，且处于同一层次"。[①]兰德曼批判了对历史的单一因果解释，并拒绝接

---

① 兰德曼，《哲学人类学》（*Philosophical Anthropology*）。

受一种固定的、单一的、理想的文化形式，他要求人们真正认识到哲学和文化创造的可变性。

在这个全球化的时代，我们听到许多呼声，要求我们接受不同文化的观点，接受世界丰富多彩的文化多样性，接受真正的国际哲学观点。这些呼声告诉我们，现在我们应该打破在特定文化传统的狭隘视角下思考的根深蒂固的习惯，培养对其他文化的真正敏感性。我们得知可以通过旅行或阅读这些遥远国度的文学和学术作品来培养这种敏感性。

无论这些呼吁多么重要，这些作者都应该记住，他们外显的跨文化取向或许很新鲜，但隐含的观点肯定不然。事实上，这是一种被很久以前的一些杰出思想家所采用的哲学研究方法。简而言之，多元文化的观点不应被认为是对人类存在这个基本问题的态度的体现，也不应被视为对人类本性进行哲学思考的新方法。它是历史悠久的严肃人类学知识的一个固有的方法论。①

其中一位杰出思想家普勒斯纳认为，对人类的哲学研究应该是一种开放的探究，目的是达成一种"普遍观点"，使人能够包容所有文化和所有时代。②普勒斯纳相信，一种单一的文化形式不能代表人类全部的能力和创造力。因此，重要的是认识文化的多样性，熟悉文化

---

① 黑夫纳，《哲学人类学与跨文化对话》（*Die Philosophische Anthropologie Und Der Interkulturelle Dialog*）。

② 普勒斯纳，《权力与人性》（*Macht und menschliche Natur*）。

的丰富性，并借助已掌握的"多元文化"知识提出新的理论。普勒斯纳还表示，有必要放弃在欧洲产生的价值体系至高无上的观念。他强调要对文化的多样性及其"世界面貌"采取接纳的态度。

跨文化人类学研究是一个观察、质疑和反思的动态过程，需要研究者接受外国的、不熟悉的思维方式和生活方式，并具备理解、分析和评价不同文化的经验和概念的能力。在这一过程中，我们应该避免文化相对主义和跨文化普遍主义之间出现僵化和徒劳的对立。（事实上，文化作为人类的基本维度，既是自然的，也是普遍的。）因此，我们可以看到，分析可以首先集中在一个相对的观点上，然后提出普遍成立的主张，反之亦然，而不是把这些观点当作排他性的立场和严格的选择。例如，对冥想、针灸和武术领域的应用的研究，可以从单一的文化角度进行，并成为提出对一般人体构成的跨文化理解的关键一步。

或者我们可以挑出与特定地点或历史时期无关的基本的人类体验，例如对身体疼痛的厌恶。这是人类生活中普遍存在的现象。然后，当我们继续思考处理疼痛的特定方式时，我们开始认识到对待疼痛的各种态度——对抗、屈服或技术缓和——实际上是由文化塑造的。面对死亡时的焦虑感也可以建立类似的关系。无论我们走哪条道路，走哪个方向，我们都应该时刻意识到普遍性与特殊性的区别以及两种观点各自的有效性。

可以肯定的是，我们会从自己独特的角度，在自己的文化框架内，根据自己为人的经历，开展我们的人类学研究项目，然后才提出我们认为对其他文化都有效的内容。例如，当我们声称人性的一个普遍方面是通过语言表达瞬间的感觉、表现遥远的现实和交流思想的能力时，我们就是从哲学的立场出发，提出了适用于全人类的定义。我们自信地宣称，人们无论生活在哪里，通常都被赋予了说话的天赋，也能够通过各种技术和工具在社会层面上进行交流。

在穿衣、维系男女关系或语言交流的方式上，可能会有很大的差异。然而，我们可以断言，所有这些经历都是人类生活的本质特征。如果没有这些功能中的任何一项，都很难想象人类能过上正常的生活。

毫无疑问，使用一种语言的前提是人们必须接受由生活在特定文化环境中的人提供和支撑的教育。如果有适当的教育，这种恒定的文化要素就能保持和谐并充分发挥作用。说话、玩耍和穿衣等基本活动会保持不变，但文化框架会因社会而异，在同一个社会内又因年龄而异。

当我们毫不犹豫地宣称，合唱能力是所有人类共同生活的关键方面时，我们肯定不能太过自信。我们能把这种特殊的音乐天赋应用到生活在不同文化环境中的人身上吗？我们怎样才能验证我们断言的有效性？因此，我们关于合唱的主张可能只在特定的文化传统内是正确的，可能不具有跨文化适用性。我们一定要注意，不要把普遍原则和特定的文化特征混为一谈。当我们挑出各种天赋和活动，不经仔细地研究和反思就把它们当成共同的特征，我们就有可能对人性产生扭曲的理解。

对历史和文化差异的日益重视可能会导致一些人拒绝或怀疑人类生活的共同特征。引起人们倡导优势群体观点的"过时意愿"，以及忽视不那么强大的文化传统的观念和解释的倾向。

以下是冈特·格鲍尔（Gunter Gebauer）和克里斯托夫·伍尔夫（Christoph Wulf）发表的一份具有代表性的声明，他们支持从历史和文化的角度解释人类的特征，而不是依赖本质主义的概念："要弄明白人是什么，他们之间的差异比他们的共同点重要得多。人类共有的是权利，特别是人权，而这属于标准性讨论。然而，人类学不属于道德范畴，也不属于与我们应该成为什么样的人有关的其他学科。相反，它关注的是经验主义的人类，考察他们在特定情况下产生不同差异的方式，并将这些差异彼此联系起来。"①拒绝傲慢的哲学，不受外部因素的影响，对人类的多样性不敏感，都是正确的。傲慢往往是一种先发制人的自卫手段。著名的非洲哲学家夸西·维雷杜（Kwasi Wiredu）称这种态度为"狭隘普遍主义"。他恰如其分地说："狭隘普遍主义的解毒剂不是任何形式的反普遍主义，而是明智的普遍主义。"②

上述思想家并没有断言和捍卫"狭隘普遍主义"。著名的思想家抵制各种单方面的立场，并对人类经验采取补充性的研究方法。对于不同的文化形态和表现形式，只有把握其背后的普遍决定因素，我们

① 格鲍尔和伍尔夫，《"人"死之后》（*After the 'Death of Man*）。
② 维雷杜，《哲学可以跨文化吗？》（*Can Philosophy Be Intercultural?*）。

才能观察到它们，并将它们彼此联系起来。我们可能会注意到大量的社交姿态，从僵硬的紧缩到礼貌的鞠躬。它们都与一个普遍的特征有关：我们的直立姿势。这些姿势都是同一主题的变体：站起来，与他人面对面。

尽管目前人们对不同的文化模式和传统观念持开放态度，但我们不应该放弃对人性普遍特征的研究。当然其中包括直立的姿势、手的活动能力和幽默感，以及婴儿在生命早期的生理需求。我们不是通过查阅教科书，而是通过"直观的近似"（玛莎·努斯鲍姆Martha Nussbaum）来识别这些特征。[1]

呼吁研究"经验主义的人类"只是工作的一半，但它肯定是不可或缺的一部分。在这方面，在国外旅行和久留是获得人类学见解的宝贵跳板。但是，我们的哲学探究不能也不应该按照自然科学和社会科学所采用的方法来进行，尽管实验研究也有助于更好地理解人类行为。由不同传统的学者进行的纯理论分析，也是哲学研究中不可缺少的一部分。这项研究的结果提出了概念模型，这些模型构成了我们理解和修改各种文化领域的基础。教育实践，以及伦理观点的形成，可能多少是以一个明确的、规范的理论框架为依据的。这一框架还可能帮助我们适应多样性，用不同的眼光看待多样性，并欢迎它对我们的生活产生独特性和变革性的影响。

---

[1] 努斯鲍姆，《人类功能和社会正义》（*Human Functioning and Social Justice*）。

CHAPTER FIVE

此曲只应天上有，

唤醒耳朵的旋律让灵魂颤抖

音乐不是一门学科，而是一门艺术；在音乐中，一个瞬间的真正欣赏和感知，抵得上一个时代的学习和知识。

——A.L.巴却雷契

马里-亨利·贝尔（Marie-Henri Beyle），笔名司汤达，他在给妹妹的一封信中讲述了他17岁时体验的一种美妙而难忘的感觉："我第一次享受音乐是在诺瓦拉，马伦戈战役前几天。我去了剧院，那里正在上演《秘婚记》。音乐和爱的表达一样让我愉悦。我想没有哪个女人和我刚刚听到的那首乐曲一样，给过我如此甜蜜的一刻，还是以如此小的代价。这种快乐不经意间来到了我身边：它充满了我的整个灵魂。"①

那些在晚年成为著名作曲家或杰出演员的人经常会回忆起这类经历。在第一次领圣餐的时候，年轻的埃克托尔·柏辽兹（Hector Berlioz）听到一群年轻人在合唱尼古拉·达莱拉克（Nicolas Dalayrac）的咏叹调《心上人归来时》的改编版。他回忆说："在我领圣餐时，圣餐赞美诗中响起纯真的合唱声，我被一种神秘而又强烈的不安所笼罩，而我无力向会众隐瞒这种不安。我想我看到了敞开的天堂，一个

---

① 司汤达，《献给少数幸福的人》（*To the Happy Few*）。

充满爱和纯洁快乐的天堂，比我经常听人说起的那个要纯洁和美丽一千倍。这就是真情表达的魔力，美妙绝伦的发自内心的旋律！"①

许多人在音乐厅里听钢琴奏鸣曲，在节日聚会上听令人难以忘怀的民谣，在夜总会听大师级爵士乐即兴演奏时，都会因声音的"魔力"感到陶醉甚至是振奋，就像他们对一种思想或数学理论感到兴奋一样。"美妙绝伦的旋律"这句感叹似乎是普世通用的。美不是听众客观地评估、衡量和解释的价值；相反，它涉及对一种无处不在的、令人振奋的质感的理解，这种质感是一种令人陶醉的愉悦体验，而不需要根据清楚阐明的美学标准进行公正的判断。

在独奏会前的一次演讲中，匈牙利作曲家佐尔塔·科达伊（Zoltán Kodály）要求他的观众不要再听音乐解说。无论一首曲子的形式分析多么透彻和准确，都必然无法唤起听众对音乐的"真正理解"。学术文章或讲座可能会帮助人们更好地欣赏伦勃朗绘画的美妙之处，甚至唤起人们对他的创作技巧方面的好奇心。但是，就音乐而言，仅仅对一首作品进行概念性和抽象性的研究，既不能创造一种陶醉的体验，也不能产生真正的理解。科达伊用一则源自亲身经历的逸事说明了他的观点：

有一次我看到一个受过小学教育的妇女在收音机旁边打扫卫生，

---

① 柏辽兹，《埃克托尔·柏辽兹回忆录》（*The Memoirs of Hector Berlioz*）。

突然，她停下手中的活，听着音乐，在这首曲子结束后，她问道："怎么会有这么美的东西呢？"我认为这是一切音乐理解的开始。只要剥夺了一个人站着不动，疑惑地喊出"怎么会有这么美的东西呢"的经历，所有与音乐有关的通俗文学、专业书籍、研究和课程的阅读都会是徒劳的，因为如果没有这样的经历，他就只能掌握音乐表面和外部的东西。①

科达伊希望在人们生活中唤醒的音乐理解是全球性的和直觉性的，不需要任何广泛的理论阐述。所有那些拥有先进的音乐技术知识和善于分析的耳朵，但却在优美的旋律面前无动于衷的人，都证明了这一说法的真实性。当然，还有一些人在开始学习和欣赏音乐的形式之前，就凭直觉自发地理解了巴赫的复调或莫扎特的弦乐四重奏的美。他们对音乐的直觉性理解先于他们关于音乐的理论理解，这是音乐评论家汉斯·凯勒（Hans Keller）提出的明显区别。对音乐的了解源于直接经验；关于音乐的知识是通过从书本中提取事实而获得的——这些事实与具体的经验无关。与音乐的自然和本能的关系是有机的、不明确的。著名小提琴家耶胡迪·梅纽因告诉我们："没有知

---

① 科达伊，《谁是真正的音乐专家？》（*Ki Az Igazi Zeneértö？*）。作曲家、指挥家和作家安东尼·霍普金斯也对节目单的价值持怀疑态度。在他为普通音乐爱好者而不是资深音乐家写的书中——《理解音乐》（*Understanding Music*）他讲述了他年轻时的几个"特殊时刻"或"转折点"。当时他对音乐的分析性知识还很少。

识也可以拥有音乐，在我学会这么说之前，我就学会了热爱音乐。"[1]
艾伦·沃克完全认同他的观点："音乐欣赏不是理性探究的结果……
音乐体验是一种先于分析的体验，决不依赖于概念。"[2]无论技术分析
可以提供哪种关于赋格曲或主旋律的特定时间和音调属性的信息，它
永远不能抵消，更不用说取代最初的体验。音乐家自己甚至都可能喜
欢在梦幻和怀旧的心境中听音乐，而不关注作品的结构构建，也不试
图将他们纯粹的直觉欣赏转化为概念性和技术性的解释。[3]

关于这种现实的直接体验，尤金·闵可夫斯基提出了两种"看星
星"的方式之间的鲜明区别。人们可以把星星看作诗人或孩子，因为
在它身上看到了富有表现力和活力的特质，正是这些特质赋予了它生
气和生命。或者，人们可以用科学家的眼光看一颗星星，希望以严谨
和客观的态度识别所有可观察到的事实。科学调查并不能抵消孩子对
某些富有表现力的特质的发现；两者都是正确的和有效的。根据闵
可夫斯基的说法："孩子通过观察星星，在里面发现了一个完整的世
界。这是事实。我们只需追随他的脚步，试着用文字来解释这一发现

---

① 梅纽因，《未完成的旅程》(*Unfinished Journey*)。

② 沃克，《音乐分析研究》(*A Study in Musical Analysis*)。

③ 法国指挥家皮埃尔·蒙特克斯被问及如何对一部新作品做出判断时答道："我
是闭着眼睛听的——我们绝对不应该从分析开始。如果我感到无聊，我会认为乐
谱没有价值；如果我被打动了，或者至少是感兴趣，那么我就会阅读它，分析它，
并认可它的重要性。"兰多夫斯基，《音乐不会弱化道德》(*La musique n'adoucit
pas les moeurs*)。

的依据和这一特殊运动的内涵，把宇宙、星星和凝视它的灵魂融为一体。"①

　　这一章的重点是听众的音乐体验的特点，而不是音乐作品的形式细节或意义。我主要会从人类哲学的角度来审视这一主题，不过也会参考尼古拉·哈特曼和其他讨论过音乐理解和享受的本质的人的美学观点。②用作曲家卡尔·菲利普·埃马努埃尔·巴赫（Carl Philipp Emanuel Bach）的话来说，我打算写的是业余爱好者的经历，我将考察一位热情的音乐爱好者对一首迷人的音乐作品的反应，而不是专业音乐家或音乐学家的；我这样做是为了重新审视振奋人心的音乐体验

① 闵可夫斯基，《散文与诗歌（天文学与宇宙学）》（"Prose and Poetry (Astronomy and Cosmology)"）。C.S. 刘易斯也表达了类似的观点——《批评之实验》（Experiment in Criticism）。他强烈谴责了首先以批判性思维对待文学作品的习惯："这样，我们就失去了内心的沉默，无法清空自己的内心，也就无法为作品的整体接受腾出空间。"

② 在我们这个时代，传统的音乐美学学者在他们的文稿中喜欢参考该领域最伟大的人物（黑格尔、叔本华、汉斯利克和尼采）的思想，以及一些备受尊敬和有能力的同行彼得·基维、斯蒂芬·戴维斯和杰罗尔德·莱文森等最多产的人物的作品。这些学者似乎会查阅用英语撰写和发表的书籍和论文。因此，他们倾向于很少或根本没有注意到其他用非英语撰写的文章，并对我们音乐体验的主要特征提出富有想象力的见解的哲学家。这些被忽视的思想家中的一些人对音乐作品有着深入的实践经验。他们对音乐的本质和意义的描述是新颖的，我相信，对于所有试图理解为什么音乐能对人们产生如此强大的影响是有意义的。他们的见解进一步阐明了我们与音乐之间的关系的复杂性，从而很高兴地补充了当前作者哲学研究方法的结论。尼古拉·哈特曼、加布里埃尔·马塞尔、弗拉基米尔·扬克勒维奇、赫尔穆特·普莱斯纳和安东尼·斯托尔等人的著作被研究的较少，但同样能激励人心，影响了我自己关于人类对音乐形式的反应的看法。

对所有年龄段的人的重要性。对前者来说，听音乐只是一种感觉，而不是一种思维活动。这些例子取自我有一定了解的古典音乐领域。不过我相信我的评论适用于人们可能会遇到的任何高质量的音乐类型，甚至适用于其他艺术表演形式的优秀创作。

音律之美

    我认为，由一段动听清晰的音乐引起的反应显然是主观的。即使我是一名在音乐厅里听交响乐或独奏的着迷观众，这一反应也是主观的。是因为别人在演奏，而我在听，或者我边演边听。我体验音乐的方式取决于我的心情，注意力，品味，我所在的地方，我以前的音乐体验，当然还有我所听的作品的艺术特征。我可能会在参加音乐会或在唱诗班唱歌时，或者正如上述科达伊的逸事所示，仅仅是站在房间里听录音时，就拥有一次激动人心的音乐体验。而引起我直觉反应的对象可能是所有类型、风格、长度或色调的音乐。无论是作品还是表演都不需要达到一个关键的标准，也不需要从音乐学或美学的角度获得认可。同样，我在这里举的音乐例子也不需要一致的认可，即使在我看来，它们的价值是与生俱来的，几乎不存在争议。

    在一个崇高的时刻，我们这些音乐外行人会自发地把什么样的音乐称为"美"呢？在我看来，即使不太了解音乐形式的复杂性，我们也倾向于表现出一些偏好，并用一组关键概念来描述我们的体验。无论听到的是交响乐、奏鸣曲还是歌曲，我们大多数人都喜欢悦耳的旋律，但我们其实说不清什么是旋律。（对悦耳旋律的偏爱丝毫不能抵消对悦耳的和声序列和有节奏的数字的欣赏。事实上，没有节奏就不可能组成连续的音调。当然，音调的旋律和节奏组成也有和声的参与。）如果有人问我们，我们可能会把旋律定义为动听的乐句或歌唱曲调，或者直接定义为音乐。旋律以其连续性、创造性、可重复性和完备性，使音乐对我们大多数人来说变得意义重大、令人愉悦：有时一个旋律或它的一部分会出人意料地突然出现在我们的脑海中，即使我们已经很多年没有听到它了。

作曲家罗杰·塞申斯（Roger Sessions）说得对，如果我们首先想在音乐中找到乐趣，那么我们与音乐的关系就是正向的。塞申斯还提出了一种自相矛盾的说法，即"一个人越喜欢音乐，他就越不喜欢音乐"，这一说法只适用于专家听众，这些人通常对自己想听的东西非常挑剔，他们的选择不一定以旋律性和享受性为导向。[1]他们可能会寻找和声结构或节奏元素的错综复杂性，而不管音乐是调性的还是无调性的。但那些不具备关于音乐、音乐元素和音乐规则的专业知识的人，更有可能欣赏到一首充满灵感的曲子。不懂行的音乐爱好者依靠直觉和敏感的耳朵知道单音或复调旋律是许多音乐形式的基本成分。

---

[1] 塞申斯，《作曲家、表演者、听众的音乐体验》（*The Musical Experience of Composer, Performer, Listener*）。

当然，这可能会导致他们对音乐表现出肤浅和排他的态度。如果一系列不和谐的和弦或不寻常的有节奏的数字进入他们的耳朵，他们的注意力可能就会飘走。他们可能会停留在"不连贯地聆听"孤立元素的水平上，对音乐采取被动和选择的态度，而这一直是西奥多·W.阿多诺（Theodor W.Adorno）严厉而无情的批评对象。然而，如果一个旋律真的抓住了他们的耳朵，并引发了他们对复杂结构的专注聆听，他们就会对音乐的其他元素产生更深刻和更专注的意识。当他们听到一部复杂的音乐作品时，他们不仅会注意到各种各样的颜色、情绪和基调关系的选择，还会注意到重点从节奏到和声，从和声到旋律的转移。这时，把音乐当作一种具有不同平面和层次的复合和平衡结构来体验的能力，使他们能够在没有任何音乐词典的情况下识别作品的形式密度，它明显和离散的部分，以及它更深层次的含义。

不同时代的作曲家都明白这一点，他们的许多协奏曲、奏鸣曲或交响乐初次听起来都很动人和令人愉悦。事实上，我们能够毫不费力地跟随并享受他们的音乐。他们用浅显易懂的音乐语言来表达自己的想法和感受。为什么我们会觉得它们如此吸引人呢？究其原因，是因为这些作品都是由歌唱者的头脑和心灵谱写而成的。用音乐学家兼作曲家拉霍斯·巴多斯（Lajos Bárdos）的话来说，亨德尔、海顿和莫扎特是在用"永恒声乐旋律的种子"为"歌唱者的乐器"谱曲。他证明了大量的器乐作品都是从容易唱出的旋律演变而来的，比如巴赫在他的C小调帕萨卡利亚与赋格中使用的旋律。巴多斯认为，"在器乐作曲家的思维过程中，声乐基础元素可能比人们通常以为的要重要得多"。[1]他的研究具有重要的教育意义：它不仅促使我们对声乐有更高的尊重，同时也提醒我们，孩子们主要是通过专心聆听或反复演奏旋律优美的作品来理解音乐的。

　　一首我们觉得很优美的乐曲能让我们忘记平时的忧虑，给我们的日常生活带来有益的停顿。这种日常活动和互动的暂停来源于一种特殊的感知声音的方式。音乐让我们进入了一个独特的听觉世界，在这个世界里，我们把与声音的接触当作一种令人振奋的趣味体验。伯恩哈德·韦尔特（Bernhard Welte）将音乐视为"纯粹游戏的典范"，因为它超越了他所说的"生命的真挚"。他指出，"音乐提供了一种自我徘徊的完美，它超越了人们习惯性和平淡无奇的活动"。[2]我们生命中看似至关重要的一切——欢乐与痛苦、冲突与和解、欢乐与忧郁、机会与秩序、生与死——都在音乐中象征性地突显出来。音乐遵循严格的规则，但同时又摆脱了严肃的关注，体现了"最高和最自由的生命力"。

　　除了我们经常归因于音乐的特定情感内容之外，音乐还能带来特殊的直接体验，它可能会促使我们识别或猜测声音之外的意义。由于音乐相对自由，不受容易辨认的主题的影响，其核心特征与其说是对一种经历或事件的再现，不如说是纯粹的自我再现。在听一首曲子

---

① 巴多斯，《歌唱的乐器》（*Singing Instruments*）。

② 韦尔特，（*Dasein im Symbol des Spiels*）。

的时候，我们喜欢被吸引到有趣的声音序列中。尼古拉·哈特曼说："音乐是一种真正的创造性活动，一种纯粹为自己而作的游戏。"①哈特曼甚至声称，在音乐中，"游戏原则"达到了完全的自主，并以一种纯粹的方式表现出来。

当音乐家们以一种轻松的态度真正地与音调游戏时，音乐的游戏特征就更加突出了。在所有的游戏中，必须有玩家玩的东西；一个人不能独自玩耍。游戏是一种与某些事物的互惠关系，反过来，这种事物借助其移动性、表现力或动态和感官的可能性与玩家进行游戏。玩家摆脱了反复尝试融入游戏中的压力，最终被有趣的互动本身所吸引。在音乐表演中，最重要的玩伴是音调。音调对音乐家施加压力，传达一种冲动的价值和情感诉求，在他们身上产生共鸣，并诱导他们制造出其他音调。（很小就开始玩声音的儿童，他的生活中很容易看到和听到这种强烈的诉求。这些声音变成了磁铁，有力地吸引着其他声音，为他们随后的音乐和语言表达提供了基础。）

正是音调的约束性和吸引力影响了表演者，并使他们以某种方式做出回应。音调呈现了一系列动态的可能性，这些可能性与乐谱和指挥家或其他音乐家传达的指令一起，提供了创造相对自由和有创意的音乐结构的动力。就像一个球或轮子的反复无常的运动一样，音调生动的连续性使表演者着迷，吸引着他们，引发他们的反应，并共同维

① 哈特曼，《美学》（*Aesthetics*）。

持着一种自发的演奏倾向。音乐本身创造的氛围——特别是要进行现场表演的音乐——进一步强化了对乐谱的自发态度。这时表演者将这种氛围感知为与音调游戏的邀请。

听众也会对音调的情感诉求做出反应。由于音调的来去产生了更深层次的共鸣，他们往往渴望全身投入到正在展开的音乐中。如果他们在家里或开车时听到一首迷人的曲子，往往会哼唱旋律，或者，如果他们在观看一场公开音乐会，则会用腿或手完成几乎看不见的动作。此外，音乐并不代表具体的对象，这极大地激发了听众对音调演奏的兴趣。虽然有些音调总是能给出引人入胜的暗示，但音乐作为一个整体有其内在的价值：它以自身为使命，而不是表现或模仿某种东西的手段。生动多样的音调令人耳目一新，就像纯粹的几何形状令人赏心悦目一样。

然而，从这场声音游戏中获得的感官愉悦不应该导致我们支持严格的形式主义立场。[1]正如哈特曼正确指出的那样，"形式之美"和

---

[1] 爱德华·汉斯利克为音乐的自足性进行了著名的辩护。然而，他谨慎地指出，内容的缺乏并不意味着"音乐缺乏实质"。作曲家的思想和情感为音乐提供了实质。"显然，'精神实质'就是那些为了音乐的'内容'而与宗派狂热抗争的人……思想和感情就像血液一样在优美声音的和谐身体的动脉中流动。思想和感情不是身体本身，不能被察觉，但能使身体活跃起来。"《音乐之美》（*On the Musically Beautiful*）。在其他地方，汉斯利克对"有灵感的形式和空洞的形式"进行了区分。一个有灵感的形式肯定要有内容。《音乐评论》（*Music Criticism*）。在安东尼·斯托尔的《音乐与心灵》（*Music and the Mind*）中，读者可以清晰地看到形式主义者和表现主义者之间的争论。

"外观之美"并不是不可调和的现实。它们仅仅是同一现实的两个不同方面，因此也是我们满足感的两个不同来源。音乐的表现深度绝不会消失。我们将看到，即使是一首既不代表具体的现实，也不代表超越其本质的抽象概念的看似中立的作曲，也隐含着关于其创造者的某些信息。

人们经常认为，无论是在音乐厅里听到的音乐，还是通过研究乐谱欣赏到的音乐，都会把听众或读者带进一个神奇的世界。尽管西奥多·W.阿多诺致力于贝多芬的哲学研究项目30多年，但他仍无法将丰富的材料整合成一本完整的书。他留下了大量的备忘录，用他的话说就是"贝多芬音乐体验日记"。在他的日记中，他告诉我们，他年少的时候体验到了从乐谱中散发出的魔力。他最初的印象并没有消失：成年后，他仍然认为音乐语言是神奇而完美的，远离客观世界，同时又是肯定的、抚慰人心的和真实的。①

贝多芬《庄严弥撒》（Missa Solemnis）中的"降福经"（Benedictus）说明了阿多诺的观察。我们听到这段曲子时会直观地认识到它神奇的完美。如果有人碰巧问起我们的感受，我们会坚定地说完美是我们感受到的基本价值。对音乐材料进行仔细的分析，然后证明这首曲子的价值，是一个合理的要求，通过查看乐谱和一些学术文献，我们可以热切地做出回应。

---

① 阿多诺，《贝多芬》（*Beethoven*）。

　　然而，正如我前面所说的，深刻的音乐欣赏并不依赖于结构分析。如果有人对"降福经"中空灵的小提琴独奏无动于衷，那么关于主题曲的初音（G大调）、降三分音、升六分音和变奏曲的知识将无助于对这首曲子产生情感上的共鸣。诚然，分析满足了我们对于审美体验和价值判断的原因的好奇心。它还告诉我们，在最初的聆听过程中我们错过了什么，当我们再次欣赏该作品时，在复杂的音乐结构中我们应该注意什么样的细节和联系，才能享受音乐的全部效果。分析还可能告诉我们，为什么复调乐句会让我们产生一种深沉的柔情和宁静的感觉，这是一种我们很难用语言描述的体验。（事实上，当我们试图用语言来表达我们的经历时，可能会破坏其魔力。）分析会诠释贝多芬对幸福的概念是什么，以及为什么奥尔德斯·赫胥黎会在"降福经"的旋律交织中看到黑夜中生动的黑暗。[1]

　　当一部音乐作品被认为是完美之作时，就不会留下任何改进的空间。伦纳德·伯恩斯坦（Leonard Bernstein）在他著名的演讲中间接地说明了为什么我们不可能改进贝多芬的第五交响曲。[2]这首曲子的所有成分都是根据"必然性原理"组成的。因此，音乐杰作凭借其完美性，以频繁的演奏和反复的聆听证明了它获得的广泛认可。利奥·斯坦（Leo Stein）在他的《美学基础》（The A-B-C of Aesthetics）

---

① 赫胥黎，《夜里的音乐》（*Music at Night*）。另见斯克鲁顿，《音乐美学》（Scruton, *The Aesthetics of Music*）和阿多诺，《贝多芬》（*Beethoven*）。

② 伯恩斯坦，《贝多芬第五交响曲》（*Beethoven's Fifth Symphony*）。

一书中阐述了好艺术作品的三个主要特征：知名度，即被承认为艺术作品；统一性，即被认为是一个完整而连贯的形式，以音乐来讲，需要具备开头、中间和结尾；持久性，也就是说，它不具有消耗性。第三个特征是关键。不管听了多少次贝多芬的交响乐，我们还是会想要再听一遍。一部缺乏经久不衰的完美品质的作品永远无法对我们产生这么深远的影响力。①

诱使我们反复聆听特定曲目的神奇完美品质，可能是音乐迷人的简洁性。但是，以加布里埃尔·福雷（Gabriel Faure）的夜曲或弗雷德里克·肖邦（Fryderyk Chopin）的玛祖卡舞曲等曲子为例，其谨慎的简洁性与演奏的便捷或音乐材料的朴素无关。我们也会因为一首曲子的纯洁性和真实性而一遍又一遍去听它。正如我们已经看到的，真实性与充实度、深度和活力有关，而这些都是以有条不紊的方式呈现的，没有特别华丽的装饰。我们能够识别主题和段落精彩的重新引入和转换，这可能会维持我们对某一特定曲目的持久兴趣。当然，认识到一个主题微妙的、有时甚至是失真的变化需要反复倾听，部分原因是伟大的作曲家拒绝充分展示他们非凡的音乐构造技巧。尽管如此，创造性的转换，以及曲词的使用，都不是需要客观评估和衡量的特征。我们不需要依赖外部标准或进行详细的技术分析就能感觉到它。

---

① 斯坦，《美学基础》（*The A-B-C of Aesthetics*），此次引用了艾伦·沃克的文章。参见其文《叔本华和音乐》（*Schopenhauer and Music*）。

在交响乐或弥撒的最后一个音符之后的静默时刻，人们经常会体验到一种奇特的饱满和深邃，以及一种崇高的高潮。伯恩哈德·韦尔特（Bernard Welte）写道："多么静默的时刻，一个充实、完满、容光焕发的时刻。"[1] 所有的音调、和弦、主题，以及它们的所有变奏、换位和重复，都凝聚成一个奇妙的时刻，凝聚成一种纯粹而永恒的存在。常见的一种情况是，专注的听众被贝多芬或布鲁克纳（Bruckner）的一首宏伟的交响乐所征服，在管弦乐队演奏完胜利的乐章后，有一段时间惊叹到无法言语。他们能具体地感受到音乐的存在，此时演奏已经结束，但我们仍然可以感知到以沉默的形式存在的音乐，因为音乐实际上也是一种"沉默"（弗拉基米尔·扬克勒维奇）。在这珍贵的静默时刻，他们遇到了整个音乐作品的灵魂，它的存在超越了音调的时间序列。[2]

这种永恒而沉默的存在是什么？韦尔特的观察提醒我们，我们可以通过两种互补的方法来感知音乐形式的多重成分：要么倾听各种音乐元素的展开；要么关注所有元素的结构连贯性，并以此超越一连串消逝的音调。如果我们专注于音调的接续，就能够逐渐揭示作曲家风格的音乐细节和微妙之处。如果我们更喜欢在一部完整的音乐作品奏毕的那一刻来观赏它，我们就会对一个复杂的结构有一个整

---

[1] 在德国，观众在开始鼓掌前会停顿一下。与演奏第一个音符前的停顿一起，将音乐安静地环绕起来。

[2] 扬克勒维奇，《音乐和沉默》（*Music and Silence*）。

体的印象，这个复杂的结构可以被描述为悲剧性的、讽刺的、明亮的、阴郁的、温柔的、悲伤的、欢乐的或怀旧的。音乐在结束的那一刻传达出一种独特的情感品质。音乐聆听的悖论在于，当音调在当下演奏，以及演奏全部结束时，我们都仍然能听到那个旋律。正如加布里埃尔·马塞尔所说，"所有的音乐体验都反映了与时间的斗争中隐含的悲剧性张力，音乐与其形式之间的对比，前者只能通过实际的声音存在于当下，而后者只能在静止和沉默的判断中超越演奏的时空才能构成其统一性"。[1]在深沉的静默时刻，在演奏完最后一个和弦或音调之后，我们才意识到，我们听到的音乐是一种难以捉摸的，最终是一种不存在的现实。音乐响亮的声音逐渐远去，它逃脱我们的掌控，退到一个遥不可及的距离。我们可能会被一种模糊的忧郁情绪所笼罩：我们意识到音乐的完美是短暂的现实。尽管如此，只要有人聆

---

[1] 马塞尔，《圣奥古斯丁的音乐》（*Music According to Saint Augustine*）。关于音乐经验的时间层面，习惯上参考埃德蒙·胡塞尔对旋律感知的现象学讨论。胡塞尔没有对人类与音乐的邂逅进行详细分析的明确意图，这种分析需要考虑这一现象的所有组成部分，并探索与邻近现象的各种联系。他只是用旋律的例子来发展自己对主观时间意识或"内在时间"的生活经验的现象学的思考。这句话清楚地表明了他的意图，"我们以一个特定的旋律或旋律的衔接部分为例"（《内在时间意识现象学》，*The Phenomenology of Internal Time-Consciousness*）。在这一章中，我没有重复许多文献来细致地呈现内容，而是选择转向加布里埃尔·马塞尔、弗拉基米尔·扬克勒维奇和吉赛勒·布勒莱的观察。他们的想法与当下的主旋律特别相关，因为它不仅是听音乐过程中的体验，也是在演奏最后一个音符之后的体验。沉默标志着一个乐章或整个乐曲的开始和结束，是我们音乐体验中不可或缺的一部分。可以理解的是，胡塞尔对描述听者对沉默的体验不感兴趣。

听，逝去的旋律永远不会走向虚无。从某种意义上说，音乐是一种"遥远的存在"（弗拉基米尔·扬克勒维奇），不可挽回地消失在神秘的虚无中，作为一种超越感官音调的完整音乐形式，它仍然让我们着迷。从现象学的角度来看，沉默是可以听到的。正如吉赛勒·布勒莱（Gisèle Brelet）提醒我们的那样，最后的沉默共鸣不仅仅是"虚无"或"匮乏"，而是一种存在和满足。它使一部音乐作品既成为褪色的现实，又成为永不褪色的现实。布勒莱补充说："当真正的响声消失时，思想的回响就诞生了。沉默给记忆提供了构建形式的手段。通过将我们从可听到的音乐中抽离，让沉默迫使我们真实地拥有它，也就是让它停留在头脑中。"①

让我们回到对音乐感官现实的体验。音乐的"说不出的完美和精致"创造了一种神奇的氛围，在这种氛围中，我们日常生活中常见的关系和对立往往会消失，并促使我们专注于音调和和弦的连续性。②接着我们便在一种毫不费力的全神贯注和听觉愉悦的状态下，沉浸在音乐的迷人存在中。在这种氛围中，现实的声音似乎有一种神秘的力量，可以迷住我们，吸引我们，就好像它独立于音乐家的意志一样。当我们沉浸在一场独奏会中的时候，我们可能会注意到音乐的魅力，它的"魔力暗示"（约瑟夫·康拉德）是一种脆弱的东西。一旦我们

① 布勒莱，《音乐和沉默》（*Music and Silence*）。也可参见其《音乐美学和创作》（*Esthétique et création musicale*）。

② 马塞尔，《音乐和奇迹》（Music and the Marvelous）。

意识到我们的沉迷和我们与声音的统一感，我们就可能失去它。音乐与生俱来的不可估量的魔力只存在于天真而无意识的耳朵中。清楚地注意到瞬间的迷人气氛会促使其突然蒸发。意识到某事和注意到它是完全不同的。我可以察觉到一张美丽的脸，被它吸引住，而不去考虑它的外形和吸引我的原因。因此，让听者在实验室环境中进行实验，并在他们听音乐的同时进行生理测量，只能得到有限的结果。这些完全被优美的旋律和它在无声中所吸引的微妙而精致的时刻，是无法事先准备好的。一些最有益、最充实的人类体验既不能通过有意识的努力创造出来，也不能接受审查和概念分析。朋友之间的交谈仍然是一种愉快的经历，是一份难得的礼物，前提是它的丰富和温暖不在客观化的关注之内，而只是在一种横向的意识中被体验。一场真正的谈话的走向、轻松感、幽默感和适当的沉默既不能通过超然的观察来预测，也不能通过独立的观察来验证。想象一下我们受邀观看一个管弦乐队用小提琴、中提琴和管弦乐演奏莫扎特的E大调交响协奏曲的彩排。当我们全神贯注于令人难以忘怀的行板乐章中乐器之间的优美对话时，指挥突然开始用他刺耳的嗓音向独奏者和管弦乐队传达指令或评论。这时候，我们会注意到音乐的灵魂已经难以再触及了。同样，当关门的声音或糖果包装纸的爆裂声闯入我们的音乐体验时，我们也会意识到氛围破灭的魔力。

杰出的艺术家一直有意引导观众，并在表演一首作品时使观众保持敬畏之心。弗朗茨·李斯特被认为是有史以来最伟大的钢琴家之一，他的传记作者艾伦·沃克称他为"神奇的演奏家"。因为李斯特恰好也是一位音乐家，从最深刻、最完整的意义上讲，他的演奏给听众留下了难忘的印象。像莫扎特、肖邦、阿尔贝尼兹这样出色的演奏者，还有今天那些集艺术敏感度和非凡技艺于一身的演奏者也得到了广泛赞誉。当然，技艺并不局限于钢琴；所有的乐器都适用于艺术家的演奏。但为什么他们的精湛技艺会给听众留下如此难以磨灭的影响呢？

现在我们来简单思考一下在钢琴上完成的技艺精湛的演奏。热情和钦佩的观众往往是在现场表演时才会欣赏钢琴家的精湛技艺。弗拉基米尔·扬克勒维奇写了一本关于这个主题的书，据他所说，听众被钢琴家魅力的"温柔力量""迷住了"。有说服力的歌声通过其迷人的发声和爱抚的音调引诱并将听众"诱捕进它的魔网"。"当谈到钢琴时，"扬克勒维奇说，"令人眼花缭乱的是一只敏捷的手的磁力传递，它抚摸琴键，在琴键上跳舞，从一个键跳到另一个键，飞过整个七个八度的范围。"[1]在音乐厅里，不仅能听到音乐大师的演奏，还能看到他的手势和表情与听觉印象的相辅相成。听众看到钢琴家的双手在钢琴键盘上的跳动，并听到了这些跳动的美妙：音乐。钢琴使得钢琴家的手指、手臂和腿的灵活性、速度、力量和敏感度的运用真实展示。白键和黑键的钢琴展示了不同的演奏方式，并在一定程度上展现

---

[1] 扬克勒维奇，《李斯特和狂想曲》（*Liszt et la rhapsodie*）。

钢琴家的演奏意图。学习和发展完美无瑕的演奏技术并不足以显示出精湛的技艺。在忠实于乐谱的同时，钢琴家必须学会用想象力来回应其动作所产生的音调质量。因此，技艺不仅仅是理解作曲家的想法并将其转化为清晰而响亮的琴声；它还包括手部创造的各种音调之间持续的音乐对话。因此，演奏总是不稳定和不可预测的，也许不能完美无缺地完成启动的和弦进程，也许不能适当地突出和谐的紧张和释放，或者不能引起人们对音符或抒情段落的关注，这些风险是演奏家艺术的核心部分。一场引人入胜的表演要求钢琴家迅速应对音乐中的所有随机因素。它需要对演奏的内容，可以巧妙修改的内容，以及可以创造性地引入到表演中的内容有一种细腻的感觉：响度和柔和度的微妙渐变，意想不到的弹性节拍和缓急法效果，音符的缩短，从而让钢琴像歌手一样"呼吸"。事实上，钢琴家乔尔吉·桑多尔（Gyorgy Sandor）就建议年轻的钢琴家灵活而自然地模仿"呼吸、表达和塑造音乐的优秀歌手"。[①]部分技艺精湛的演奏发生在一种漫不经心的状态下，不受意识的控制，展现出双手富有表现力和创造性的能力。扬克勒维奇赞扬了钢琴家的触觉敏感度、创造力和机智，能在没有事先预备的情况下猜测演奏正确音符的有利时机的能力："就像杂技演员弹跳、反弹和落地一样，移动的手也优雅地落在正确的音符上。"[②]对

---

① 乔尔吉·桑多尔，《论弹钢琴》（*On Piano Playing*）。

② 扬克勒维奇，《李斯特和狂想曲》（*Liszt et la rhapsodie*）。另见我对弗拉基米尔·扬克勒维奇对音乐技艺和即兴表演的看法的评论。

手和手臂的完全控制，以及对音符几乎透彻的理解，都必须经过长期的学习才能掌握。但是，一旦对动作有了充分掌握，音乐敏感性得到充分发展，创造性的表演者就能够自由控制自己的身体，并让这些演奏内容有微妙的变动和修饰。

除了旋律优美、有趣、神奇的特性之外，我们还发现一首优美的音乐是有意义的。它不仅仅是一种音调模式，它有某种意义，告诉我们一些东西。音乐的音义既不是概念现实，也不是知觉对象。尽管某些作品的名称暗示了情绪和行为，但音乐并不是表达具体体验（如两个人之间的相遇）或有形对象（如咆哮的大海）的媒介。音乐的深层情感内容不能太具体，不能轻易翻译成文字，只有一般性的意义才能成为我们听觉和理解的对象。因此，许多作曲家不愿对其作品的意义进行口头解释。然而，正如冈瑟·舒勒（Gunther Schuller）令人信服地指出的那样，这些作品揭示了一个特定的含义：它们首先是由作者的创作冲动和个性"启发"的。就像一首民歌能告诉我们一些关于其自发创作者的事情一样，一首奏鸣曲或一首交响乐能让听众在很短的时间内就能识别出作曲家清晰的声音指纹、他们独特的声音世界，甚至可能是他们的社会和艺术环境的特征。[1]这些元素之所以存在音乐

---

① 舒勒，《形式、内容和符号》（*Form, Content and Symbol*）。在他已经提到的文章中，罗伯特·R.赖利证实了舒勒的观点："洛伊陶的声音世界显然是截然不同的。沉浸在他的音乐中之后，我能轻易在几个小节之内辨认出他的一首我没听过的曲子。"

中，是因为有创造力的艺术家们无法完全将自己与自己的创作分开。他们的个性，以及他们所拥有的独特的旋律、和声或节奏天赋，即使是在一种看似抽象和客观的声音形式中，也必然会表现出来。在对审美对象结构的分析中，哈特曼谈到了对艺术家创作精神的认识。我们通过感受这种精神，通过一种对情感本质的共鸣来认识这种精神。用哈特曼的话说，"雕塑家、诗人和作曲家的创作精神——即使我们既不知道这位艺术家的名字，也不了解他的生活，也是可以辨认出这种精神的。观赏者可以被作品的力量吸引，采取像艺术家一样的看待事物的方式，作品可以牵着观赏者的手，教他新的看事物的方式"。[①]

对于米克尔·杜弗兰（Mikel Dufrenne）来说，艺术中的美是形式上的完美和"感官上的意义"的成功结合。"这个意义是对一个世界的暗示，"杜弗兰继续说，"这个世界既不能用类似事物的术语来描述，也不能用灵魂的状态来描述，而是两者统一的承诺。这个世界只能被赋予创造者的名字——莫扎特的世界，塞尚的世界。"[②]虽然我们找不到合适的词来描述这个"世界"，但个人的音乐思想或性格并不完全是我们无法企及的。当我们陶醉在某种听得见的完美中时，我们会在他们的作品里发现一种独特的品质，这种品质与所有技术上的微妙和错综复杂一起形成了一个统一体。举个例子，这种统一体就是约

①　哈特曼，《美学》（*Aesthetics*）。

②　米克尔·杜弗兰，《美》（*The Beautiful*）。

瑟夫·海顿（Joseph Haydn）或让·弗朗塞斯（Jean Françaix）的声音世界，在这个世界里，一种标志性的意义被揭示出来，这是一种只有音乐才能捕捉到的意义。①

---

① 这一意义在歌剧的意境和题材选择上表现得更为明显。马塞尔·兰多夫斯基断言，作曲家必须被一个主题"吞噬"，才能"通过音乐赋予它力量"。"因此，我相信我赋予我存在的意义可以在我的音乐和歌剧的歌词中找到。在我的交响乐中也可以找到。"利维奥，《对话马塞尔·兰多夫斯基》（Conversations avec Marcel Landowski）。

美的感受

我们怎样才能抵达音乐之美带给我们的那些崇高时刻呢？这种迷人的体验需要我们这些听众做些什么呢？

正如科达伊举的例子所表明的那样，为了专注于我们听到的东西，我们的注意力必须完全集中在声音的来去上。这样，我们不仅可以与音乐建立密切的联系，而且可以沉浸在音乐的每一个元素上。我们可以在浅显地听音乐的同时进行许多其他活动——阅读、写作或锻炼。但是在我们闲着的时候，我们的耳朵就会被引导到声音上，让音乐成为我们唯一的感知对象。哈特曼使用动词"停留"来表示对一件艺术作品毫无保留、偏好或实用主义的关注。[①]我们的习惯性知觉滑过一个对象，并为了达到某个目标而注意到它，但审美沉思却为了自己的目的，对该对象投入最大的关注度，认识到它的独特性，享受它

---

① 哈特曼，《美学》（*Aesthetics*）。

的完整性，并探索它的要素和潜在的可能性。与出于实用目的的日常接触形式不同，这里的感知是自主的，能够停留在对对象外观的享受中，甚至可以停留在由对象引起的强烈感觉中。我们感知到具有内在价值的感性形式、察觉形式所揭示的质的内容，同时注意到形式所唤起的愉悦感。

怎样才可能停留在音乐的元素上呢？在听音乐时，除非我们关注的是整体结构，否则音乐的存在会支离破碎。音乐被演奏和聆听时，其他声音都必须为这些音符让路。如果所有的可以听得见的声音都混在其中，我们只会听到一种不清晰的噪音。声音的时序和时长由节奏决定。声音的强度随着时间的推移而增强或减弱，突然出现或缓缓出现，或者或多或少突然消失。正如欧文·W.施特劳斯所说："听觉是一种综合的感觉。"[1]为了听到音乐，我们必须把升起的、持久的和消逝的声音融合成一个连贯的整体。我们必须将声音整合到可听的"当下"中，"在流动中持续，在持续中流动"（尤金·闵可夫斯基）。

无论我们是在读小说还是在看雕塑，我们都会被情节所吸引，或者用眼睛和手部的轻柔动作来追随一个三维图形的轮廓。同样，当我们关注一首乐曲时，我们会把在场的和不存在的声音结合起来，顺着节奏、和声和旋律前进。然而，看雕塑和听歌曲之间是有根本区别的。虽然看得见的物体可以放置在离我们很远的地方，但声音却完全

---

[1] 施特劳斯，《感官的原始世界》（*The Primary World of Senses*）。

填满了我们周围的空间。因此，我们不能退一步去思考一部音乐作品。当我们看一幅画的时候，我们可能会后退几步，抓住它的所有元素，但我们只能在想象中默默地将一部音乐作品理解为一个整体。声音是浩如烟海的，它掌控着我们，把我们带到它令人信服的力量中。施特劳斯写道："听钟声敲响和看时钟不同，因为我们在看时钟时，会主动转向它，而声音则会抓住我们。声音不同寻常的力量源于这样一个事实，即声音可以脱离其来源，并且由于这种分离，对我们来说声音和听觉的共鸣是同时发生的。"① 没有其他感官元素能像声音那样深入我们体内：它能在比视觉或触觉更深的层面上引起共鸣。不光是响亮的哭声、刺耳的汽笛声，优美的音乐作品也能穿透到我们生命的深处。

在听音乐时，我们更多地被音乐作品的音调所吸引，而不是被小说中的文字或绘画中的人物所吸引。哈特曼谈到了一种"心灵捆绑"，一种面对完美声音时的狂喜状态，一种"生活中找不到的秩序"。② 当我们被优美的音乐深深打动时，这种被吸引的体验，这种自我超越的状态会被进一步强化。我们会全神贯注于声音中，可以说是与音乐融为一体。我们的思想和感受会与之产生共鸣，在聆听一首音乐作品的过程中或它被演奏完之后，我们会在这种特殊形式的沉迷中获得真正的乐趣。我们甚至可以通过跟着音乐跳舞或唱歌来表达我们对被音

① 施特劳斯，《感官的原始世界》（*The Primary World of Senses*）。
② 哈特曼，《美学》（*Aesthetics*）。

乐迷住的满足。①

　　这时某些纯粹主义者可能会指出我们仅仅是顺服于音乐，放任自己因音调的运动而迷失了方向。他们可能会说我们只是在音乐中融化，就像躺在温热的浴缸里一样，我们并未有意识地领会音乐结构的构造细节和微妙之处，最终只是在我们自己的感觉和内心状态中寻找乐趣。我们可能会因为"滥用"音乐而受到指责：寻找一种温和的陶醉，而不关心作品的复杂结构，我们只是在利用音乐体验来屈服于我们的情感。②

　　这种对音乐的滥用可能存在的。然而，它并没有提供一种神奇的

---

① 尽管科达伊高明地推荐了听音乐的正确方式，但我倾向于赞同埃里克·侯麦的观点。他认为当我们随着音乐起舞时，才能真正欣赏深奥的舞曲，并感受它的深度。《从莫扎特到贝多芬》（*De Mozart en Beethoven*）。罗杰·斯克鲁顿对这一点的评论说明了一个并不令人惊讶的事实，即音乐，它的性质、意义和体验在那些思考和描写这门艺术的人中引起了深刻而永无止境的分歧。音乐的特殊力量最显眼的时刻不是在我们随着音乐起舞或跟着哼唱的时候，而是在纯净的音调吸引到我们，在我们站起来聆听的时候。《世界之魂》（*The Soul of the World*）。
② 在1937年1月于布达佩斯费伦茨·李斯特音乐学院发表的一次预见性演讲中，作曲家贝拉·巴托注意到，对许多人来说，听收音机里的音乐已经变成了"一种温水浴缸，咖啡馆音乐的爱抚，一种背景中的嗡嗡声，这样一个人时就不会那么无聊，但又几乎不需要关注音乐"。《机械音乐》（*Mechanical Music*）。在巴托提出他对录制音乐的看法的很多年前，爱德华·汉斯利克对普通听众的音乐体验发表了一些挑衅性的言论："他们已经失去了智力愉悦的审美标准；对他们来说，一支雪茄、一道开胃的美食或一次热水澡所产生的效果与交响乐一样。"有些人坐在那里心不在焉，有些人则陷入陶醉，但对所有人来说，原理都是一样的，那就是在音乐中享受基本的乐趣。《论音乐之美》（*On the Musically Beautiful*）。

魔法般的体验。当一首曲子让我们着迷时，一种基本形式的专注和有辨别力的倾听是必不可少的。例如，在没有专业知识的情况下，我们仍然能够识别其主题，它的呈现、反复、变奏、返回和解决。在没有太多的注意和预先学习的情况下，我们也可以欣赏由重叠的音乐段落成功组合而成的一个连贯而和谐的整体：赋格曲，并获得一种令人振奋和满足的感觉。例如，尽管我们不是训练有素的音乐家，也可以听出来约瑟夫·海顿是如何在他的一些交响乐中获得令人惊讶和幽默的效果的。我建议，当作曲家使用的是重复模式时，我们应该更加关注音乐结构。众所周知，孩子们喜欢玩那些出现、消失、反复出现的东西。作曲家以类似的方式引入一个主题，重复它，并以此引发人们对它最终回归的期望。但是，他们并没有重新引入，而是让主题变成了几乎无法辨认的各种变奏，从而唤起并加剧了我们预期中的紧张。最终，当延迟的主题回归时，它的出现会给我们带来解脱和强烈的喜悦。我们更倾向于注意到乐曲的不同方面，因为像孩子一样，我们会被隐藏、推迟、欺骗和揭露的音乐游戏所吸引。①

在谈到与音乐建立浅显接触时，赫尔穆特·普勒斯纳认为，真正的音乐理解需要控制住自身被音调吸引的迫切冲动。对音调的控制主要来自我们对自己身体的控制。对普勒斯纳来说，"首先，脱离这种

---

① 斯托尔，《创造的动力学》（*The Dynamics of Creation*）。在这方面，斯托尔指的是贝多芬C小调弦乐四重奏的第五乐章，作品131，伦纳德·B.迈耶在他的《音乐中的情感和意义》（*Emotion and Meaning in Music*）中分析了这一乐章。

'被吸引'的感觉，才能使声线变得可以理解。"① 对音乐有意识和有鉴别力的理解的基本条件是拒绝轻率地顺从于音调的冲动，拒绝随意选择某些特定的音乐元素。当我们听到旋律或和弦或有节奏的片段时，我们必须掌握一个复杂的结构，在这个结构中，我们要识别和确认作曲动机、主题、发展、重复、过渡、乐节和乐章之间的关系。

在这方面，加布里埃尔·马塞尔强烈而巧妙地反对亨利·柏格森的观点，他在《时间与自由意志：一篇关于意识的直接数据的文章》中，使用旋律的隐喻来说明他的时间性理论，并将纯持续时间理解为一种音乐现实。② 柏格森告诉我们，在音乐体验中，我们的聆听是意识状态的相互融合和相互渗透。在听旋律的时候，我们有一种连续性和不可分割性的印象。我们只是顺着旋律前进，没有领会旋律的多种多样和独特的元素，没有欣赏到它完整而统一的结构。然而，如果我们试图将旋律分割成不同的音符，我们就会从空间的角度来考虑旋律和它的时间性。根据马塞尔的说法，聆听一个旋律并不是在它们相互融为一体时不知不觉地从一个音符转到另一个音符，而是以某种方式意识到不同的部分，达到"某个整体的形成，一种形式的建立"，而这一行为需要"某种程度上的掌握"。③

① 普勒斯纳，《音乐人类学》（*Zur Anthropologie der Musik*）。

② 柏格森，《时间和自由意志》（*Time and Free Will*）。

③ 马塞尔，《柏格森与音乐》（*Bergson and Music*）。另见苏珊·K. 兰格关于音乐时间的讨论，《感觉与形式》（*Feeling and Form*），以及欧文·W. 施特劳斯在他的《感官的原始世界》（*The Primary World of Senses*）中对自然之声和音乐之声的感性区分。

这种形式是怎么建立的呢？当我们的耳朵区分旋律、不协和音、协和音和从一个键到另一个键的转调时，我们会感觉到一种复杂的有声结构，在这种结构中，我们识别和辨认作曲动机、主题、发展、过渡、乐节和乐章之间的关系。我们在一个过程中建立了一系列复杂的有序关系，它与将句子中的词相互联系起来的过程类似，从而通过识别它们必要的内部联系，理解一个复杂的动词结构及其意义。事实上，为了跟随音乐形式的发展，我们必须对个别音调的发展施加一定的控制，并有意识地将它们作为一种结构来把握。然而，我认为，真正的音乐理解不仅来自超脱的态度，也来自我们最大限度地顺服于有趣的音调发展的能力。换句话说，正是我们对音乐印象的共鸣反应，以及我们顺应音调的意愿，给了我们一种纯粹的直觉体验，如果没有这种体验，对各个成分的超然辨认和精确识别，虽然是准确的，或许也是有用的，但过于客观和抽象。我们愿意体验一种听觉上的意义，即使这种意义仍然是模糊的，但它揭示了一种风格的统一性。

引用莫里茨·盖格（Moritz Geiger）的现象学分析颇有意义，他试图探索为什么一件艺术作品能够到达我们生命的最深处，以及为什么我们对艺术的情感反应不应该被低估。艺术作品有两种不同的效果：表面效果和深度效果。举两个例子，在音乐中，前者反映在和弦的运动和分辨率或声音的长度、幅度和响度上，而后者则体现在前面提到的相互矛盾的预期中。杰作都有这种出人意料的特点：听众认为旋律会朝着一个方向移动，作曲家则违背了预期，并以此维持了听众的兴趣。这种矛盾的基本模式是断断续续的节奏：音乐从主和弦转到次中和弦，而不是达到预期的主音和弦。因此，是不可预测性的程度，而不是充实感的程度，使音乐具有深度，从而使作曲家为听众提供持久的满足感。[①]这一非常简单的模型以极其复杂的方式适用于主要作曲家的作品。讲好故事也是基于同样简单的原则：一个有技巧的作家能够通过违背我们的期待，通过引起我们有益的紧张来维持我们的兴趣。故事情节变幻莫测，让读者措手不及。我甚至会说，丰富的生活充满了断断续续的节奏——充满了快乐或不幸与预期背道而驰的时刻。这本书描述了人生中一些重要的曲折。

生命效应赋予音乐以饱满、活力、刺激和生命力的品质。深度效应使作品具有真正的艺术价值和形式的复杂性。但是所有深度效应中的生命效应都是"交织"的，这两种效应不只简单相加，还是相互渗透、相互丰富、相互强化的。盖格写道："因此，完美的艺术作品不仅对人的心智有意义，对人与生命的统一也有意义。"[②]因此，难怪听众一开始会倾向于表现出生命反应，然后逐渐开始对音乐的艺术价值感到欣喜。

对音调序列的自发和情感反应的强度启动了听者的音乐性。从这种最初的情感体验中，出现了对音乐的音调构建和艺术价值所进行的

---

① N凯勒，《走向音乐理论》（*Towards a Theory of Music*）。另参见斯托尔著《音乐和心灵》（*Music and the Mind*）。

② 盖格，《艺术的意义》（*The Significance of Art*）。

理性、详细和有意义的评估。如果音乐性是发展和实现一种对音乐的高度鉴赏力，那么不太可能让任何人被音乐所吸引。只要我们带着感性、同情心和基本的鉴别力去对待音乐，音乐就会将我们吸引到其中。同样的过程也适用于一幅画、一首诗或一本小说。首先它们必须让我们着迷，之后一旦情感纽带形成，就会邀请我们去欣赏和研究作者所使用的艺术方法。举一个与音乐无关的例子，首先，我们必须全心全意地觉得一个好的笑话很好笑，只有这样，我们才能分析故事背后的模式和幽默的逻辑。否则我们无法真正了解和感受我们所分析和描述的东西。被人识别出来的模式完全没有意义；它缺乏参照点。反之则不然。要想因为一个笑话自发地笑出眼泪，我们并不需要清楚地识别故事中幽默和愉快的元素，并精确地指出造成特定生理效应的原因。首先，我们喜欢听笑话，只有在那之后我们才会去了解它。没有经验的学习是徒劳的，也会无疾而终。

歌唱的灵魂

在全神贯注于完成自己的任务的过程中，我们通常会超前于自己的意识，而不是与自身时刻保持感知。例如，当我们沉浸在一场正在进行的口头谈判或就要执行的某个身体动作时，我们就不会注意到自己的意识，或者指导我们行动的微妙的身体感觉和冲动。我们需要受到更强烈的影响，或者遇到重大的变故，便能注意到自己内心实际情感的丰富。

如果一种音乐的存在触动了我们，在我们心中引起共鸣，它就可以让我们意识到我们的感受——这一意识我在前面的章节中强调过。"所有真正的音乐创作，"马塞尔告诉我们，"都是在一种被重度分裂甚至是撕裂的个体——也就是时间中的人——内部运作的调解。"[①] 我们可以将这种调解的经历比作与我们所爱的人相遇或收到令人痛心的

---

① 马塞尔，《音乐与灵魂的统治》（*Music and the Reign of the Spirit*）。

消息。我们会觉察到内心的喜悦或悲伤，而这种觉察提供了一个可能，让我们认识到并更新我们内心的冲动或欲望。无论听到的音调和质量如何，音乐都可以提供一个可能，让我们大多数人拥有的内心的丰富和我们可以称之为个体存在的实质重新焕发出来。

当被烦恼和痛苦所困扰，甚至身体不适的时候，我们或许可以试着去音乐厅，或者待在家里听音乐。通过这个方式，我们暂时搁置了我们的忧虑和痛苦。例如，当我们聆听舒伯特B大调钢琴奏鸣曲的缓慢乐章时，我们会感到世界充满了和谐与和平，在很短的一段时间内，我们也许能觉得自己的疾病已经痊愈了。一个独奏者，一个室内乐合唱团，一个合唱团或一个管弦乐队可能会使我们看待世界和自身的方式发生瞬间的转变。我们可能会满意地意识到，尽管音乐的性质是瞬息万变的，但它建立了一个时间秩序：音乐家将连续的声音聚集在一起，形成一个有意义和连贯的整体。即使我们缺乏音乐理论的基本指导，我们也能感觉到声音的升降、主题的问答、乐句的对比与连续、和弦的和谐与不和谐、张力与解决之间存在着有序的相互关系。当我们把各种短暂的元素统一起来，当我们在声音的感官现实之外思考形式时，内在的秩序就被发现了。我们不仅在被动倾听的状态下感知到一种连贯的模式，而且还实现了一种建设性的内心活动，可以说，我们与音乐家一起创造了音乐形式。欧内斯特·卡西尔（Ernest Cassirer）说得对，在听巴赫的赋格曲或莫扎特的协奏曲时，我们不仅仅是处于被动的状态。为了欣赏一部音乐作品，我们必须积极参与它的"创作"。卡西尔写道："如果不在一定程度上重建一件伟大艺术作品的创作过程，我们就不可能理解或感受该作品。"①这个创作过程在很大程度上是我们实现自我的一个组合过程，即使我们几乎不知道其过程如何，也会有所意识。

因此，尽管我们的日常生活中有那么多混乱、武断、不完整、不可预测、无序和短暂的方面，在音乐中，我们能够找到并热切地享受它内在的秩序，这让我们感到如痴如醉。正如阿多诺所说："现实的暂停和内心的重构似乎是在预兆着：一切都好。"②有了这种"转变的特质"，音乐的存在是快乐和安慰的源泉，因为它提供了达到新的境界的可能性——在这个境界中，秩序压倒了混乱，凝聚超越了分裂。

正如加拿大学者诺斯罗普·弗莱（Northrop Frye）曾经写的那样，我们的幸福可能源于我们接受"时间的恐慌感"的能力，这在我们当下的世界是很难做到的。抽出时间一起听音乐或唱歌是"非常重要的一种减轻这种恐慌感的方式"。③当我们生活在下面这种状态中

---

① 卡西尔，《艺术的教育价值》（ *The Educational Value of Art* (1943)）。

② 阿多诺，《贝多芬》（ *Beethoven* ）。在他的美学讲座中，阿多诺进一步强调了艺术体验的解放性和振奋性。当我们生命的脉搏和节奏与"艺术品的生命"紧密地结合在一起时，我们就体验到了"突破时刻"。突破的概念指的是超越我们日常存在的直接体验，超越它所有分散我们对现在的注意力的关注和活动。此外，一件艺术作品可能会让我们着迷到能给我们带来最强烈的享受的程度。这些"至高无上的幸福时刻"（ *obersten Glückaugenblicken* ）对我们的影响与我们在生活的其他领域所经历的"最高真实时刻"（ *Höchsten Realen Augenblicke* ）具有相同的力量。

③ 弗莱，《教育性批评》（ *Criticism as Education* ）。

时，就很容易感到恐慌：我们会在紧张地忙于完成各种各样的任务时失去对现实的控制。我们无法在当前的利益和未来的关注之间保持有益的距离。后者对前者的干涉是如此仓促，而且带着排他性的要求，以至于我们不能再关注整个目前的局势。减轻我们的恐慌感意味着放弃所有对未来的掌控，这样当下的经历就会重新获得它自己的价值，我们就会充分而快乐地感受当下所提供的一切。

那么，当我们从令人不安的时钟嘀嗒声中解脱出来，不再焦躁担忧时，要如何体验音乐的存在呢？可以肯定的是，这种存在被感知为一种特殊的氛围，在这种氛围中，过去的领悟和未来的担忧逐渐消失，我们只感知到一连串展开的声音。这种音乐的现实不再是实现未来目标的垫脚石；它在自身毫无缘由和目的的存在中表明了自己的存在。要充分欣赏音乐的存在，我们需要屏住呼吸，摒弃一切非音乐的想法、意象和忧虑，这些很容易削弱我们的接受能力，分散我们对当下的注意力。在一篇妙趣横生的文章中，E.M.福斯特列出了一些明显而微妙的干扰因素，这些因素出人意料地使人无法专心倾听。他认为，活跃的音乐创作确实能迫使我们始终如一地专注于一首曲子，甚至熟悉作曲家的"技巧"。[1]演唱或演奏一件乐器有助于我们全神贯注于当下，并感知一个主题是如何以不同的基调被提出、转换和重新引入的，以及为什么各主题之间存在必然的关系。

---

[1] 福斯特，《不听音乐》(*Not Listening to Music*)。

如果我们成功地与音乐融为一体，就像我们被邀请参与一次令人振奋的体验，或者被理解为收到一份慷慨的礼物，只要我们能够敞开心扉，就能收到这份礼物。我们中的许多人都曾体会过在听完音乐会时想自己很荣幸能经历一场非同寻常的艺术邂逅，并收获一份罕见而珍贵的音乐礼物。我们还认为音乐是一种更深层次意义的标志，能让我们的生活更加充实。也许我们在这份音乐礼物中找到了针对我们对和平、和谐的向往的某种回应，以及对我们缺点和痛苦的一种救赎。我怀疑大多数表演者也认为音乐是一种礼物，认为自己是作曲家和听众之间的纽带。他们觉得，作为个体，他们的任务是将呈现音乐的行为和呈现音乐本身的意义完美地统一起来，从而将音乐的精髓呈现在观众面前。

所有年龄段的人都会记得他们和音乐杰作的第一次灵魂接触，唤起了他们对音乐的浓厚兴趣。他们要么决定学会某件演奏乐器，要么加入合唱团，或者成了现场音乐会的忠实听众。他们领悟到，如果没有音乐作品，他们的生活品质会逊色得多。他们早期的音乐经历对于唤醒和加强他们生活中对音乐的持久热爱具有最重要的意义。

改变生活的音乐体验这一主题将我带到了音乐教育的话题上。保罗·瓦莱里（Paul Valéry）有一句关于教学的经典论断："为了教给别人某样东西，我们首先必须激发他对这种知识的需求。"老师怎么才能触发这种需求呢？这种需求从何而来？就音乐而言，它肯定不是来自音乐老师或家长。孩子要么有这种内在的需求，要么没有。教一个不懂音乐的孩子理解和热爱音乐是不可能的。有可能的是表达对一部音乐作品的真诚热情，并在听完之后，让孩子注意到它的一些特点。同样可能的是创造深刻的初次音乐体验，让年轻人意识到他们潜在的需求，并诱导他们通过听、唱乐曲或演奏乐器来满足需求。老师还能够呈现各种各样的音乐作品，借此促使孩子们意识到简单和复杂旋律之间的区别，意识到在面对有意义的作品时感受到的喜悦程度，或者他们令人振奋的音乐体验。因此，他们能够对触动自己心灵的作曲做出热情的反应。一个好的音乐老师会激发和刺激孩子们的内在需求，同时鼓励他们发展价值观；他还会帮助他们培养沟通和确认好恶的能力。[①]

孩子们最终可能会成为活跃的业余音乐爱好者；他们可能会在空闲时间加入合唱团或演奏一种乐器。演奏莫扎特奏鸣曲或演唱杰苏阿尔多（Gesualdo）的奏鸣曲有助于培养他们的音乐鉴赏力，这种鉴赏力能够始终如一地辨别和稳定地协调音乐印象。它还提供了关于音乐结构的微妙成分的初步指导，并创造了对我早先所说的作曲家世界的熟悉感。它经常将他们的注意力转向专业音乐家可能忘记或忽视的音乐表演的某些方面。雅克·巴尔赞（Jacques Barzun）指出："业余音乐家的角色是坚持风格、精神，音乐才能高于任何技术成就。"[②]我认为业余音乐家也乐于重新发现音乐的娱乐特质。无论他们是单独创作音乐，还是在一个小型乐团中创作，他们都是按照字面意思演奏音乐

---

① 参见艾伦·沃克有说服力的文章，《音乐与教育》（*Music And Education*）。

② 巴尔赞，《不可或缺的业余爱好者》（*The Indispensable Amateur*）。

的。他们从完美、便捷的表演中解脱出来，为了演奏的乐趣而演奏。他们似乎欣赏所有音乐表达的主要成分：音调，他们的冲动和活力，引发和弦、旋律和节奏之间的创造性相互作用——一种对话，凭借突然的灵感，依靠声音和手的可用性和自发性，为音乐带来微妙的装饰和轻微的偏差。如果一首歌演唱得很轻松，歌手们就会暂时摆脱焦虑、压力和内心的紧张情绪。所有唱诗班成员都知道，歌声能够有序地释放各种情绪，让身体平静和放松。

歌唱的精神

在这一章的末尾，我们回过头来看看科达伊对动人音乐体验的兴趣。对他来说，音乐主要是为小孩和成年人提供了一种我们称之为"美"的令人充实的接触。

但如果说科达伊有力地强调了声乐的教育力量，那也要归功于他对人类生活日益机械化的认识。这些都是他非常关心的事情。当然，他意识到机器在我们的生活中扮演着非常积极的角色。然而，他却没有注意到，一旦人们开始依赖机械装置，就会变得被动、墨守成规、自我陶醉，不再按照自己最深处的感情自发地行动。他警告说，如果对"我们的本能"不加要求，甚至使之变得乏味，那么设备的广泛使用将"残害我们的人性"，并最终把我们变成机器。因此，他惊人地宣称："只有歌唱的精神才能把我们从这种命运中拯救出来。"

关于这一警告，科达伊恰如其分地让我们注意到了歌唱者的情感参与：他告诉我们，歌唱开启了一条通往"情感世界"的道路，并为其恰当的表达提供了一个框架。法国哲学家保罗·里克尔更精确地表达了同样的观点："音乐为我们创造了无名的情感；它拓展了我们的情感空间，为我们打开了一个绝对可以产生原创情感的区域。当我们听这一类音乐时，就进入了灵魂的一个区域，只有通过听这首特别的曲子，我们才能探索这个区域。每一部作品实际上都是灵魂的一种形态，是灵魂的一种调制。"[1]这些观点的主要来源是这样一种信念：作为人类，我们不仅仅是思想或意志的统一体，还是情感、喜悦、钦佩、恐惧、悲伤和遗憾的统一体，无论它们有多么混乱。情感和自我意识之间有着本质的联系；一旦我们意识到情感的不断扩展，就能够把自己定义为截然不同的、相对独立的个体。"接触自身""忠于自己""过自己的生活"，指的是我们原有的生活方式的情感体验。因此，可以说，感情既是一种统一的因素，也是一种独立的因素。相应地，我们通过接触自己的感觉、唱歌或任何类似的音乐活动，可以增强我们的独特性、我们个体意识的生动感觉。

在这个时代，这种情感和自我意识的前景似乎是无价的，因为一些人在成长过程中感受不到自己内心的过早荒芜，并遭受着这种痛苦。而这种情感自立能力的削弱与谨慎的行为密切相关。如果我们把自己托付给我们的自然冲动，并与我们的感觉保持接触，我们就能够进行创新、变革和自发的行动。相反，如果我们放弃对确定性的追

---

[1] 科达伊，《匈牙利音乐教育》(A zenei nevelés Magyarországon)。

求，不受任何约束而行动，我们就能够重塑自身最深层次的感情。它的内在价值主要体现在我们在人生的不同阶段遭遇逆境或危机的时候。如果我们了解自己，相信由感情驱动的行为价值，我们就能够以轻松、平静的方式面对严酷的现实。

然而，尽管有杰出的思想家、教育家和艺术家的严肃警告，我们仍坚持将教育的努力几乎完全集中在智力的培训上，并倾向于围绕着对人类生活的工具性和机械性的概念来构建我们的社会制度。然而，上个世纪的事件告诉我们，人类经历的部分或全部盲目可能是由于高度发达和清醒的智力却缺乏适当的感觉造成的。聪明、冷静、冷酷无情的人的耳朵不仅对脆弱生物的愿望和需求充耳不闻，对一般生活的情感要求也会充耳不闻。他们的思想不牵涉到他们的神经。当然，主要的问题不在智力，而是所谓的"智力为上"（阿尔弗雷德·N.怀特黑德）；离开了其他人类品质——即感受和理解任何事物的完备性的能力——智力为上是如此危险，预示着对人类的最大伤害。

现在看来似乎很明显，与片面的、无情的知识主义和科技文明的瓦解性影响的斗争，离不开对世界的有机看法——一种敏锐地意识到更广大的生活层面，并寻求将人类有机体和环境、思维和情感、散文和诗歌、抽象和具体、世俗和神圣结合在一起的愿景。我相信，这就是科达伊所说的"歌唱精神"的意思，也是他想通过音乐教育获得的东西。

虽然科达伊令人信服地强调了通过歌唱进行严肃音乐教育的具体

的、有益的影响，但他也认为音乐是活力和安慰的"神奇源泉"，并声称人们对一首歌曲或一首钢琴奏鸣曲的持久享受的唯一正当的理由就是它本身。当被问到他对塞克勒民歌的持久兴趣从何而来时，他简单地回答："我觉得无论我在哪儿碰到四到五个匈牙利人，我都想向他们介绍这种民歌。我只希望人们不要问'为什么'，而是过来说：'没有原因但一切又都是原因……原因很简单，那就是生活应该充实。'"①的确，一首美妙的歌曲，自发地、没有任何目的地涌现出来，给歌者带来了无与伦比的满足。②这并不意味着美的体验应该与我们认为是好的和有用的事物隔绝，或与之对立。"我们必须时刻记得，"卡尔·弗雷德里希·冯·魏察克（Carl Friedrich von weizsäcker）指出，"在我们为生活的面包劳作时，莫扎特旋律的痛之喜悦仍应该伴我们左右。"③

---

① 里克尔，《批评和信念》（ *La critique et la conviction* ）。

② 科达伊，《我要用老塞克勒歌曲做什么？》（ *Mit akarok a régi székely dalokkal?* ）。

③ 魏察克，《进步的矛盾观》（ *The Ambivalence of Progress* ）。

CHAPTER SIX

深邃的星空和道德的律法，

唤起惊奇和敬畏

事实上，我们不是人性的源头，而是人性造就了我们。

——尤金·闵可夫斯基

列夫·托尔斯泰的著名短篇小说《主与仆》讲述了富商瓦西里·安德烈·布雷哈诺夫（Vasily Andreich Brekhunov）的旅程。求财心切的他决定赶在其他竞争对手之前买下一大片森林。尽管面临着暴风雪的威胁，他还是乘雪橇踏上了旅程，去与卖家见面。他带着仆人尼基塔上路了。他在恶劣的暴风雪中迷路了，试了三次都没能找对路，于是他从雪橇上把马卸下来，抛弃了仆人，独自骑着马继续他的旅程。但是，马沿着他和仆人先前跌进的同一条峡谷，把他带回了雪橇和现在已经冻得半死的仆人身边。接着，布雷哈诺夫突然清除了尼基塔身上的积雪，用他的毛皮大衣和整个身体盖住了他的仆人。令他自己惊讶的是，他说不出话了，泪眼汪汪，体验到了一种庄严的幸福感和前所未有的喜悦。他对人生的意义进行了彻底的思考。他感受到了自由，没有任何物质上的顾虑和财产的羁绊。他没有意识到时间的流逝，一动不动地趴在仆人身上睡着了。第二天早上，布雷哈诺夫死了，尼基塔活了下来。①

---

① 托尔斯泰，《主与仆》（*Master and Man*）。

　　人们倾向于认为，布雷哈诺夫牺牲自己的生命是对上帝召唤的回应，是一种突然而出乎意料的归信。这确实是一种可能的解释。然而，这可能会让读者怀疑，这个精明的商人意识到自己就要死了，于是把所有的希望都寄托在实现永恒的救赎上，以补偿他对穷人的贪婪和剥削。如果读者没有被托尔斯泰的基督教观念所迷惑，并以清晰的视角看待这两个人物，他们未能到达目的地这件事，还有覆盖住一个之前被自己抛下的人的突兀行为，那么就有可能对这个故事做出另一种诠释，但不需要用无神论的解读来取代基督教的诠释。

　　布雷哈诺夫趴在仆人身上，给他温暖和生命的这一自发而无端的决定，就是我所说的尤金·闵可夫斯基提到的道德行为。托尔斯泰描述了在特殊情况下的一次特殊的救赎行动。虽然布雷哈诺夫匆忙出行的初衷相当明确，但他试图达到救人目标的最终结果却令人震惊。不过我认为，道德行为可以在更平凡的环境中完成，结果也不用那么令人震惊。即便如此，一起看似平凡的事件可能会与在特殊情况下做出的行为有一些相同特征。两者的相似之处恰恰在于行为的伟大和自发性。

　　法国哲学家古斯塔夫·蒂邦（Gustave Thibon）讲过，有一次他走在马德里的一条街道上，一个可疑的人拦住了他，那人想卖给他一块据称是金表的手表。他谢绝了提议后便问了路。"我和你一起吧，给你带路，"那人说。在到达时，蒂邦想给对方一笔丰厚的小费，对方拒绝了。"虽然他是个小骗子，"蒂邦总结道，"但我们已经建立了个人联系；我要求他帮助我，而一个人不会因为帮助别人收钱。这是西班牙灵魂中最美好的部分。"①

有趣的是，罗伯特·斯派曼在他对伦理思考的介绍中给出了一个几乎相同的例子。在反思"无条件向善"的行为特点时，他提到了一个年轻人，在没有任何道德反省的情况下，停下了手头的一项任务，与他同行，给他指明方向和要到达的地方。斯派曼断言："可以毫无保留地说，这是一件小事，几乎不值得谈论，但这是一件很好的事情。这样的行为让生活变得有价值。"②这个年轻人也是被帮助他人的与生俱来的道德感所驱使，展示了他最好的一面。他谨慎地、不假思索地完成了一项道德行为。

---

① 巴尔莱特，《与古斯塔夫·蒂邦的会谈》（ *Entretiens avec Gustave Thibon* ）。
② 斯派曼，《基本道德概念》（ *Basic Moral Concepts* ）。

什么是道德行为

在关于生命时间的主要著作中，尤金·闵可夫斯基对道德行为进行了微妙的现象学分析。[①]他认为道德行为是人类生活的一个组成部分，因为每个人都被赋予了实现它的潜力。然而，闵可夫斯基告诉我们，"这只是过眼云烟，短暂而又特殊。如果我们把它放在日常生活中，很少有人会否认它的存在"。[②]一个人可能会被教育成诚实、勤劳、善良的人，因此，他会在与他人的日常交往中试图展示这些个人美德和天赋。但是，道德行为不受使一个人的行为符合一套教育价值观和道德原则的教化性努力和有意识的约束。诚然，道德行为可能偶尔看起来是一种美德的表现。但即便如此，它的实现也是出乎意料的，可以说是偶然的，与人的道德构成无关。这个人可以是朋友，也可以是敌人；可以是值得信赖的同事，也可以是可疑的陌生人；可以

---

① 闵可夫斯基，《生活时间》（*Lived Time*）。

② 出处同上。

是仁慈的典范，也可以是被定罪的犯人。尽管如此，我们还是会以惊讶和愉快的心情看待他们出乎意料的行为，以及其中深刻的人性表现，并将这一行为的形象保留在我们的记忆中。

在我看来，没有什么比遇到有说服力和哀伤的例子更令人信服和有表现力的了。它们让我们实实在在地感受到了难以定义的人类品质和行动时刻的奇特之处。它们并不总是强调令人钦佩的英勇事迹，在我看来，道德行为并不总是暗示着牺牲。发生在一个不起眼的环境中的一次不可预见的际遇，可能会促使道德行为突然地实现，并给受助者和他们灰色的环境带来短暂的光芒。在一战期间的祖里奇，年轻的伊莱亚斯·卡内蒂（Elias Canetti）和母亲一起在街上散步。他们遇到了一群身受重伤、拄着拐杖走路的法国士兵。他们都在瑞士疗养。突然又出现了一群德国士兵，他们也行动缓慢，其中几人还拄着拐杖。缓缓行走的士兵们没有仇恨、怨恨或愤怒，而是以平静、和蔼可亲的态度面对各自的敌人。当两群人走近时，一名法国士兵高举拐杖向德国人喊道："你好。"一位德国人听到了这句话，转过身来，挥舞着拐杖，用法语回敬道："你好。"卡内蒂小心翼翼地看着他的母亲，她在颤抖和哭泣。[①]这句问候——只是被重复了两遍的一个简单的词——并没有结束战争，也没有任何政治影响。法国士兵和德国士兵仍在战场上继续进行着难以想象的互相屠杀。一些士兵可能永远无法痊愈伤

---

① 卡内蒂，《自由的舌头》（*The Tongue Set Free*）。

痛，甚至落下终身残疾。他们中的一些人可能对这场不同寻常而令人费解的相遇不屑一顾。然而，意料之外的问候和举起拐杖的动作，以及这些大度的姿态所体现出的希望，没有被淡忘，这一短暂的时刻揭示了人生命中最重要的东西：向善的倾向。我们这些回忆录的读者，以及这一事件的主角和观众，认为这种倾向是崇高的，高于自我的，但同时也是容易接近的，简单而直接的。这一令人震惊的行动仍然作为一种可能性活在我们大多数人的心中。

士兵相遇之时的关系与过去有关的一切——战斗、杀戮、死亡——在短时间内变得无关紧要。在道德行为中，对过去经历的记忆并不占上风，即使它仍然存在。然而，过去并不会因为遗忘而被抹去，因为士兵们的现状显然表明了他们在不久前受伤的痛苦经历。这种过去体现在不言而喻的意识中，体现在对"不能上战场战斗"的痛苦中。士兵们走的每一步都与过去带来的沉重负担息息相关。他们通过自己有缺陷的身体和遮盖身体的制服来面对旁观者和此时的敌对者。然而，问候的行为暂时阻止了报复或仇恨的表达，因此出人意料地创造了一种和平与解脱的气氛。这一行为的价值不在于过去敌意的消失，它的伟大之处在于自发地拒绝了过去遗留下来的负面冲动。在遇到敌人的那一刻，士兵们能够放弃这些消极的冲动，转而支持当下涌现的和平与和解的价值观。因此，道德行为不一定会改变一个人，也不会消除冲突、敌意和怨恨——这些都是人类生活中的持久因素。它体现了一种基本的人类自由，从过去到现在一直存在于人类灵魂的核心。[①]

卡内蒂母亲的哭泣可能是因为她对士兵们伤残的状况感到悲伤，也可能是因为她对他们出乎意料的短暂和解而感动。士兵们团结一致，并相互认可对方的尊严和痛苦处境。就托尔斯泰而言，他指的是布雷哈诺夫的眼泪，以及他的"快乐状态"。事实上，道德行为带来的是一种高尚的感觉和理智上的愉悦。但这些人并不是为了获得舒适的满足感而完成道德行为。愉悦的感觉与一个人用精于算计的头脑展开阴谋来达到的一种自我诱导的狂喜状态无关。闵可夫斯基将快乐和喜悦的感觉与自由意识联系在一起：它伴随着超越一切敌意、所有不情愿和琐事的能力，超越日常生活中一切平淡无奇甚至是功能性的事物的能力，并且不受任何约束。这是一个定义生命的时刻：它帮助一个人在参与"世界上最伟大和最珍贵的事物"的同时，用新的眼光和视角来设想他的整个人生。也许蒂邦说得对，"一个人的品质是通过他偶尔脱离引力的罕见瞬间来衡量的"。[②]这种美妙的自由感并不存在于任何肯定自由意志和捍卫决定论之间的抽象辩论之外。由于它与人类本身潜在的理想相联系，因此我们能够体验和享受其无可置疑的具体性。这种理想就是闵可夫斯基所说的"成为完全的人"，采取超越"构成生命物质性的利益"的行事方式。人并非等同于哲学人类学和其他学科描述和考察的许多文化和生理特征。人就是向善的无条件

---

① 马克斯·舍勒，《怨愤》（*Ressentiment*）。

② 巴尔莱特，《与古斯塔夫·蒂邦的会谈》（*Entretiens avec Gustave Thibon*）。

冲动，在实施能够引发升华感、成就感和满足感的意料之外的自发行
为时变得有形。[①]

我们不能将道德行为置于我们在特定情况下面临的道德问题的层
面上，我们会试图通过仔细考虑动机、环境、规则和可能的结果，以
及在我们眼中的善与恶之间做决定来解决一个问题。道德行为也不是
从我们日常的现实世界中对痛苦的逃避，在这个世界里，我们通常会
犹豫不决、算计和妥协。正如我刚才指出的，道德行为并不寻求过去
的行动和现在的决定之间的一致性。当一个人违背了所有的经历和期
望，选择放弃报复他的同类——一个曾经想杀他人的机会，他和解的
话"就会像爆炸一样爆发出来"。[②]如果我们试图衡量这一行为的具
体条件和预期后果，并试图为其实现而感到自豪，就有可能抹杀这一
行为的伟大之处。那个卖手表的可疑陌生人并不会试图去分析他不收
钱的理由。他没有考虑自己所做反应的影响：他没有权衡两种可能性
的价值，并从中选择一种。在没有对自身反应进行分析的情况下，他
自发地拒绝了对方的酬谢，他的拒绝依赖于一种超出个人能力的"内
在力量"。毫无疑问，这就是蒂邦适时提起"西班牙灵魂"的原因，
这超越了任何个人特征和天赋。

渴望找到解释的道德哲学家和睿智的精神分析学家在完成道德行
为时，很可能倾向于确认采取某种方式行动的原因。他们不相信以自

---

① 参见闵可夫斯基，《人和人性》（*"L'homme et ce qu'il y a d'humain en lui"*）。

② 克莱曼，《真正重要的事》（*What Really Matters*）。

发性概念为中心的说法；当下这一时刻尽管具有种种新颖和令人惊奇的方面，却似乎与从前一样，同过去以及将来隔绝了。他们在分析、拆解和重组一项行为时——从某种程度上来讲，我的这些感想也带有这种性质——也不可避免地扭曲了它，没有抓住它的主要特征和特殊的细微差别。它的全部丰富性和意义在纯粹的当下为一种特殊行为的有形存在，在没有经过任何权衡或现实意图的情况下完成。

这一存在是什么？法国作家安托万·德·圣埃克苏佩里（Antoine de Saint-Exupéry）在向我们讲述他想跟警卫借烟，并乐于与他相视而笑的经历时，可以帮助我们更好地理解这一点：

那个微笑拯救了我……它标志着一个新纪元的开始。一切都没有改变，一切又都改变了。散落着文件的桌子、油灯和墙壁都变得充满生机。从那个地下室里的每一件毫无生气的物品身上流露出来的无聊，魔法般地变得轻盈起来。似乎一股看不见的血流又开始流动起来，把同一个身体里的所有部分连接起来，让它们恢复了意义。这些人也没有走动，但是，一分钟前他们与我的距离似乎比一个古老的物种还远，现在他们却变成现代生命了。我有一种非同寻常的存在感。那就是：存在的意义。我感受到了一种联系。①

在这种由警卫的微笑建立起来的温暖气氛中，作者看到的物品变

---

① 圣埃克苏佩里，《给一个人质的信》（*A Letter to a Hostage*）。

得栩栩如生，就像公园里的秋千在孩子们走近时变得栩栩如生一样。秋千好像在告诉他们：过来坐在我身上，然后上下摇摆。同样地，桌子、报纸和台灯也有了生动的形象，有了直接而强烈的光芒，有了几乎可以感觉到的"自我给予"和存在。这些客体和警卫的存在让人感觉就好像他们把自己献给了感知的主体；在这一刻，他们似乎只存在于作者眼中。在感知单个物体的同时，作者也注意到了自身知觉的增强。微笑的交流在作者和客体之间创造了一种独特的情感关系，它们存在于一个不受约束的当下，存在于作者对一种非凡的感知客体的新方式的意识中。

警卫和囚犯相视而笑，这是一种特殊的交流形式，发生在当下，指向两个人的存在。在这种情况下，人的存在好像是一种礼物：通过交换微笑，警卫把自己献给了作家；反过来，作家也把自己献给了警卫。这种互动的前提是愿意向他人敞开心扉，并暂时无条件地接受他人。我们也可以用真诚对话的形式将类似的存在献给另一个人，在此期间，表达自己的想法和寻求澄清和理解的行为变成了自我奉献的有形表达，同时也尊重对方坚持己见的自由。

更为隐蔽的是，有时互相偷偷瞥对方可能会传达出一种未言明的爱意。当两个人都在一瞥中献出自己，并创造一种独特的交流时，他们都自由而有意识地决定了他们想要创造的亲密程度。然而这些"谨慎的奇迹"经历中存在一些客观的东西。同情或爱的强烈表达来自内心，无须任何准备和实践，也与已经达到的道德立场无关。

在与这个内在源头的意外接触以及随后的行为表达中，我们认识到了自发性的一些特征。道德行为是自发进行的，没有算计，没有矫揉造作，也没有功利性考量。它们的伟大在于其自身，在于其动态的、直接的表现，而非某种实际的原因。道德行为的完成是轻而易举的，显然不需要付出很大的努力。正如我在这本书前面指出的，在某些情况下，我们倾向于绕过所有的论点和理由，通过利用我们身体的"动态生命"，立即采取行动。我们的行动提供了一个直接、迅速和简单的答案。我们自发地向某人伸出援助之手，或者欣然露出真诚的微笑，其意义和价值在于行动的初衷和目的：与我们常常在无意识中怀有的向善的倾向接触，以及对我们面对的其他人的仁慈敞开。①

我们所说的道德行为，是指一个人在不抱有任何获得奖励或满足的动机下，自发地做了一些在某种情况下看起来最利他的事情。但情况并不总是如此。道德行为也可以通过不采取行动和不对自己的消极被动做出解释来实现：保持沉默，拒绝不应得的认可，或者不顾压力不参与某种行为。在对西班牙内战的回忆中，乔治·奥威尔（George Orwell）讲述了他在前线作战时发生的一件事。奥威尔看到一个人从敌人的战壕里跳出来，双手提着裤子，半裸着奔跑，立即克制住没开枪："我没有开枪的部分原因是他正提着裤子，而我来这里是要向'法西斯'开枪的；但是，一个提着裤子的人不是'法西斯'，他显然

---

① 闵可夫斯基，《自发性》（*Spontaneity*）。

是我的同类，我不想向他开枪。"[1]

在上面提到的情境中，行动或不行动，都是由内在冲动推动的。奥威尔和其他人一样，在对一个人的言语、动作、面部表情或存在做出反应，而他更深层地认识到了采取行动或不采取行动的必要性和及时性。像奥威尔这样的人，他们依靠内心对看似正确和合适之事的感觉，即对正确行为形式的敏感，知道在特殊情况下和在缺乏一般原则的情况下该做什么。当人们瞬间认识到敌人也是同类的本质，且不抱有将他们简化为一个职能、头衔或角色的认知时，这种特别的敏感就起作用了。他们能够重新获得一种感性的纯真，而由于固有的偏见、僵化的观念或纯粹的懒惰，许多人往往会失去这种纯真。在他们眼里，这个人不再是敌军士兵，不再是仆人，不再是钱包鼓鼓的富人，也不再是"法西斯"主义者——人们很容易地用冷漠和轻蔑的心态，用加布里埃尔·马塞尔强烈谴责的"抽象精神"，或者用让-弗朗克·雷维尔（Jean-François Revel）精准描述的势利主义态度来看待所有的一切。在完成道德行为的那一刻，任何抽象的概念或单一的标准（财富、权力和头衔）都无法阻碍对人们的感知和对他们的自发姿态。[2]

有人可能会反对说，在日常生活中暂时回归感性的纯真是有困难

---

[1] 奥威尔，《回顾西班牙战争》（*Looking Back on the Spanish War*）。

[2] 马塞尔，《抽象化主义成为战争的因素》（*The Spirit of Abstraction, as a Factor Making for War*）；雷维尔，《关于普鲁斯特》（*Sur Proust*）。

的。因为我们对他人的感知发生在现实环境中，并服从于现实的可能性和限制性，它是有选择性的，必然与他人的社会角色联系在一起。但是，正如我们已经看到的那样，道德行为不依赖于以前接受的教育，也不能分解为准备和执行阶段。我们无法调查和选择感知他人的模式。他人展现的是其内在价值和直接的完整性。我们会看到一个具体的个体，带有不可分割性，超越了其孤立的方面和功能；我们把他人视为和我们一样的人，这是亚里士多德用来形容友谊的表述，我们在此引用它是为了强调与自身的关系，以及与仁慈的道德行为之间的关系。[①]

[①] 亚里士多德，《尼各马可伦理学》(*Nicomachean Ethics*)。

人如芦苇般脆弱

但究竟什么才能够唤醒并保持对人的完整性的这种敏感性呢？是什么引燃了超越自我的"神圣火花"（闵可夫斯基），并引发了计划外的行动呢？

正如我刚才提到的，道德行为包括自发地对另一个人的存在和行动做出反应，并使这种反应适应他人的言语以及通过肢体表达发出的信号。通过人的言语和姿势表现出来并被感知的是一种脆弱性。毫无疑问，这里我们要从人类状况的构成性和决定性缺陷来理解这种脆弱性，而且这种脆弱性是通过文化和社会机制补偿的。因为在熟悉或陌生的环境中，人们可能会注意到或忽视的生物体暴露在潜在的外部危险之下的必然情况。①

在人际交往中引发道德行为的脆弱性表现为短暂的需要和某种事

---

① 哈弗，《尊重人类脆弱性》（*Respect for Human Vulnerability*）。

物的缺失或丢失。缺乏保护、迷失方向或渴望更温馨的人际关系的经历突然涌现出来：此时个体存在受到威胁，人体受到软弱的冲击，个体建立人际关系的愿望遭到抵制。与当前时刻相联系，就会对脆弱性的感知产生一种自发的反应。向有需要的人提供帮助可能会对此人的状况产生至关重要或微不足道的影响。被困在着火的房子里呼救，还有考试不及格后寻求安慰，显然是两种不同的需要。但是，在认识到对方的需要或困境并为其利益采取行动的时刻，我们并没有对其脆弱性的程度进行客观评估。意识到一个人的脆弱性，无论其形式和程度如何，都足以引发道德行为。这一行动使人意识到了需要帮助的人的脆弱性。然而，在某些情况下，不在场者的脆弱性可能会激起这种意识。极力维护那些不能或不愿维护自身权利或需要的人的尊严，即便要不惜做出看似不道德的行为，也是一种值得高度赞扬的姿态。①

诚然，向善的推力可能在没有任何脆弱性迹象的情况下出现。赠予陌生人一件珍贵的物品——一本书、一件艺术品或一种乐器——没有任何犹豫和回报的期望，仅仅因为这些物品引起了真正的赞扬或钦佩，这是一种不寻常的慷慨行为，不涉及对脆弱性的认识。得到表扬的人似乎并不要求得到馈赠。在赠送礼物的那一刻，慷慨的赠予者感觉到的可能是对来自赞美该物品的人的认可，和他自身满足这种渴望的自发冲动。

---

① 见潘霍华（Dietrich Bonhoeffer）在《伦理》（*Ethics*）中举的例子。

当我们与一个人交谈时，我们渴望被倾听，渴望因我们所肯定的内容而受到尊重，并因我们的表达而受到认真对待。我们希望在交换观点的过程中被视为关系平等。即使经历了分歧和严重的意见冲突，我们仍然怀有相互认可的愿望。哲学家以赛亚·柏林（Isaiah Berlin）就人类对认可的根本追求提出了一些箴言。当我们把这些思想应用到论证和反论证之间的对峙经验中时，它们就被证明是正确的。我们不想被忽视，被当作抽象和无关想法的代言人。正如以赛亚·伯林所说，我们力求避免"不被视为一个个体，自身独特性得不到充分认可，被归类为某种平淡无奇的混合体的一员，一个不具备可辨识的特征和自身使命的统计单位"。[1]尽管在所有的人类交流中都存在着对被理解的需求，但敏感的人能够感受到一种几乎无法察觉但切实的需求，即认可对方的存在感，认可对方言语和行为的重要性。

例如，在这方面，请求讲师做出说明或进一步解释，构成了对关联感和认同感的默示性要求的适当回应。或者反过来说，当某人被一个看似无法解决的个人问题所困扰，即便这个人很清楚我们不可能提供任何解决方案，还是意外地向我们寻求建议时，我们会觉得有人仔细倾听我们的答案，我们的个性意识和价值感也会成为被间接确认的对象。当有人向那些胆小、对自己的优点不自信、急切寻求认可的人表达意料之外的真诚赞扬时，这也同样是向善倾向在发挥作用。亨

---

① 柏林，《两种自由概念》（*Two Concepts of Liberty*）。

利·柏格森在这一行为中看到了一种礼貌的形式:"一句当之无愧的赞扬,一句善意的话,可能会在这些脆弱的灵魂中产生好比一缕突如其来的阳光照射在沉闷的风景上的效果;就像阳光一样,它将使他们重拾对生活的期冀,有时可能更为有效,可以将花朵变为果实,如果没有阳光,这些花朵就会枯萎。"①对那些处于紧张和痛苦境地的人说的一句及时而慷慨的话,可能于危险中拯救了他们的生命。它的前提是对他们的内心状况敏感,有能力猜测他们痛苦的根源,以及有能力创造信任的氛围,并引入一个贴近他们内心的话题。

这种在脆弱环境下引发道德行为的敏感性,也是脆弱性的一种形式。由于我们更深层次的脆弱性,我们能够对最微妙和最多样化的事件做出反应,并区分它们的价值观和差异。多亏了我们的脆弱性,我们才能对遇到的所有人形成第一印象,我们可以选择让它深入我们的内心,让它融入我们更深层次的情感。我们对人的主要反应的性质和特征,以及我们对善的追求,在某种程度上取决于我们身体的这种情感调谐。

但是,正如我前面指出的,道德行为的来源既不能定位于我们身体的某个特定方面,也不能与心理特征联系在一起。在不清楚它的来源以及它是如何达到一种恰当表现方式的情况下,它的力量和敏捷性就已经显现出来了。然而,我们更加清楚和强烈地了解到的是,在不

---

① 柏格森,《礼貌》(*La politesse*)。

寻常的情况下我们能够做什么和实现什么，有时这甚至会出乎我们自己的意料。我们开始了解自身或人类最优秀的品质是什么——在特殊和普通情况下都能表现出的人性理想。

除了特殊或日常的道德行为之外，闵可夫斯基指出，突然出现的想法、意象和出人意料的闪光是道德自发性和创造性生活的基本特征。的确，在灵感时刻"有一种真正的爆发，像闪电一样，把它强烈而特殊的光芒投射到我们的内心生活中，我们不知道它从何而来。"这种想法的出现源于"生命的活力"——一种支撑着人前进的活力，其本身也是个体创造力的基本特征之一。①

---

① 闵可夫斯基，《自发性》（*Spontaneity*）。

满怀信心地面向未来

保罗·瓦莱里的说法——"每个人都不及他所做过的最美好的事"——适用于此人的道德品格及其行为。[①]道德行为不会立即使某人成为道德优良或值得信任的人,相反,值得信任的人不一定会将其善良和正直转化为道德行为。可以肯定的是,我们的行动在很大程度上取决于我们是什么样的人:怀着善意和高尚的目的,我们通常会做好的和高尚的事情。但是,尽管我们可能具有某些优良品质,也有可能某些有价值的行为是以冷漠或屈尊的态度做出来的,有时甚至是出于一种伪装得很好的利己。另一方面,那些我们并不指望有礼貌、慷慨或高尚的人,可能会让我们大吃一惊,并以令人钦佩的方式行事。他们的行动似乎不是源于他们后天可能获得的美德,而是来自他们内心深处的人性,以及在他们行动的过程中赋予他们崇高的伟大品质和

---

① 瓦莱里,《文集》(*Analecta*)。

生命力的东西。

在这方面，斯派曼提到了弗里德里希·席勒（Friedrich Schiller）提出的"片面的道德观点"和"完整的人类学观点"之间的区别。前者在行为中看到了道德品质的和谐实现，后者认识到了行为与人达到的道德境界之间的差异、形式与内容之间的差异。在人类学层面上，行为的质量并不一定源于存在。斯派曼补充道："一个人可以很正派，但仍然会受到违背诺言的诱惑。一个人可以是懦夫，但在关键时刻却不会抛弃他的同伴。并不是每个行事道德的人都能在所有时候有好的形象。"[1]闵可夫斯基的话表达了同样的观点："公民美德尽管重要，但并不等同于对道德行为的深刻而个人化的追求。"[2]

事实上，道德倾向在意外情况下的感人展现，就是人的尊严的彰显。我们注意到了一种计划之外的非强迫性的愿望，即把荣誉、仁慈、大度和自控置于追求物质利益、成功甚至社会认可之上。远离所有自私的考量会给人及其行为带来尊严。一个人的尊严的基础，是将自身利益视为相对次要之物，并通过为他人做好事来超越自身利益的能力。这样，他人就不会被视为一种手段或一种功能，而是因其自身无条件的自我价值而受到尊重。对他人固有的和绝对的价值表现出这种尊重的潜力普遍存在于每个人身上。

似乎当行为起源于无私地去做一件事而不求任何回报和奖励时，

---

① 斯派曼，《有教养意味着什么》（*What Does It Mean to Be Cultured?*）。

② 闵可夫斯基，《生活时间》（*Lived Time*）。

行动者就失去了自己的个性。然而，就像一个人受到榜样的鼓舞，感受到现实的吸引力，或者从小说的角度看世界的那些时刻一样，个人存在的扩大并不会抹杀个性意识。C.S.刘易斯说过，阅读伟大的文学作品"就和信仰、爱情、道德行为邂逅的过程一样，我超越了自我；那是我最贴近自我的时刻"。①

出人意料的、短暂的、有时甚至是不为人知的道德行为在我们的生活中扮演着重要的角色。闵可夫斯基将其影响力与我们，以及我们与未来的关系联系在一起。在没有道德行为的情况下，未来将在我们面前缺少我们想要的生命的开放性和丰富性："尽管道德行为的倾向在日常生活中可能很罕见，但只有它才能够尽可能地拓宽未来。"②

如何超越自我，展望广阔的未来？有些人在经历了痛苦过后，对未来持谨慎和不信任态度，这是可以理解的。他们被一种明显的恐惧压倒了，担心过去会重演。未来不能再带给他们新的东西，他们只能为过去的负面经历负责。他们在生活中走得越远，积累的经验看起来就越相似。还有一些人希望看到一个与过去不同的未来，但却回避创新性的勇敢行动可能带来的改变。他们倾向于衡量每一项面向未来的事情的成本和收益。他们没有安全感，对自己失去信心，一心只想保护自己，不希望发生任何不同寻常和不合常规的事情，也不向别人交心。他们对自己理解和塑造周围世界的能力也缺乏基本的自信，在他

---

① 刘易斯，《批评之实验》（*Experiment in Criticism*）。

② 闵可夫斯基，《生活时间》（*Lived Time*）。

们看来，周围世界往往是一个客观的、不利的、几乎不变的现实。他们通过依恋抽象的观念，或珍视某个物体来补偿这种损失。尽管有些人经历了失败和欺骗，付出的行为也化为徒劳，但他们仍然怀着无畏的信任和合理的乐观面对未来。当然，人类行为受大量社会文化机制的指导，这些机制有能力按照预先设定的模式来规范人类行为，而人类行为的可预测性在一定程度上顺应了这种机制。

对未来的信心也来自对纯粹的慷慨和生命神圣的间歇感知。正如我们在托尔斯泰的故事中所看到的那样，无论是从原因还是从初衷来看，道德行为都不能用先前的作为来解释。它不是植根于过去的，道德行为有其自身的价值，且根源于每个人内心深处的人性。它表现为我们所向往的一种理想或至高无上的价值，可以使生活变得有价值。在这一价值面前，道德行为的接受者和见证者都坚信，未来是值得信赖和许诺的，而且"生命在前进的过程中，包含着一个伟大和崇高的维度，并以此为基础"。①

如果我们无视人类的特征或缺点，对他们和他们的价值表现出信心，我们就可以鼓励他们对未来充满信心。我们的信任为他们提供了一个新的未来，一个可以自由行动，不受任何限制并完成善事的未来。如果一个人的这种向善的倾向得到认可，它可能会在恰当的时机以适当的形式表现出来。当你对陌生人表现出真诚的热情时，向善的

———————————————

① 闵可夫斯基，《生活时间的问题》（ *Le problème du temps vécu* ）。

倾向可能会简短但有力地表现出来，可能会以礼物的形式送到某人手中，不带任何隐藏的利益，而是基于纯粹的体贴。它可能表现为在极度贫困和饥荒中分享最后一块面包的行为，或者是在极度危险的时刻解救某人的行为，哪怕这样做会危及自身。但是，即使我们对一个人完成这些行为的倾向保有信心，道德行为最终仍是不可预测的，总是需要自发的创造和再创造。

我们在这些例子中看到的是反应性和开放性的体验。与人和物的反应性和开放性的交流出现在儿童早期，并占据着重要地位。在正常情况下，孩子们发现自己处于一个"反应性的世界"（欧文·W.施特劳斯），以自信和想象力与人和物体建立伙伴关系。生物和非生物都体现了一种表现力：他们看到或摸到的一棵树或一块石头是有生命的，会对他们说话，并要求回应。但是，随着年龄的增长，他们不可避免地学会了与"没有反应的世界"的接触模式——在这个世界里，人逐渐变得封闭、冷酷和怀有戒心，或者在亲切的开放和冷漠之间摇摆。①他们可能最终会依靠阅读和倾听来将内心的反应传达给他人的文学或艺术。

---

① 参见欧文·W.施特劳斯在举办关于人类感官体验的讲座之后发表的评论，《具体形象与脱离肉身》（*Embodiment and Excarnation*）。另见亨德里克·M.鲁滕贝克的见解，《机械化与自发性：谁能幸存？》（*Mechanization versus Spontaneity: Which Will Survive?*）。

当人们以特定的利益相互联系，每个人都沦落到为实现自私的目标而设想手段的水平时，就会建立起一个不受欢迎的、不可接近的世界，以及对这个世界的不确定和恐惧的态度。在一个反应性的世界里会发生真实的对话和无私的合作，如果两个人以无私的态度彼此交往，并随时设身处地地为对方着想，我们就可能重新获得这个世界并怀着信任的态度享受它。由于我们不由自主地采取了这种态度，一种完全满足于当下和关心他人福祉的内在力量就会不时地以道德行为的形式表现出来。因此，道德行为在事物和人的关系方面带来了一种意想不到的质变。它宣扬了这样一种信念，即一种根深蒂固的向善倾向偶尔可以在人际互动中得到表达，并创造出一种积极自信的对待他人的态度，有助于恢复（即使是在很短的时间内）一个反应性的世界。

我反复强调了行为的品质和这种行为的实施者之间的差距：道德行为并不一定源于善，而善又定义了人的存在。然而，有一种能力可以在实现道德行为和维持向善的自发冲动方面发挥一定的作用。各种行动和拒绝行动——挽救生命、安抚的言辞或姿态、或拒绝以牙还牙——表明行善者能够想象他人的状况和处境以及自身行动的可能后果。不假思索地向需要帮助的人伸出援手，以及做出改变人生的举动，都是在想象力的帮助下发起的。另一方面，对人类苦难的麻木不仁和恶意是因为个体无法想象一种不同于自身的境况。G.K.切斯特顿恰如其分地将这种无能称为偏执。正如我所指出的，即使道德行为的倾向不能归结为性格特征或能力的存在或缺失，想象力的培养也是至关重要的，特别是在我们的教育过程中努力培养"真正的自由"，即"想象其他心灵"的能力，而不是传递行为规则和道德戒律。①

显然，尽管我们无法想象和接受人类可能拥有的极端和无处不在的邪恶，我们大多数人也存在着实施邪恶行为的可能性。表现为酷刑、谋杀、种族屠杀和灭绝的残忍暴行的范围之广和种类之多，让我们无法忽视人类持久的暴力和兽性倾向。此外在这里我要补充一句，最可怕的罪行是在二十世纪，以一种旨在永远消灭邪恶和苦难的善的名义犯下的。在我们熟悉的环境中，在日常生活中的一些微不足道的小事上，我们会做出一些难以估量的恶意举动，这些举动可能会迅速摧毁我们对同胞的信任。

然而，我们偶尔见证的高尚行为总能激励我们，并给我们希望，尽管世上有这么多丑恶，我们还是会相信每个人的内心深处都有行善的潜力。②即使我们每天都无法在我们身边的人的生活中察

① 切斯特顿，《偏执者》（The Bigot）。正如汉娜·阿伦特等作家和哲学家反复指出的那样，大规模屠杀犯最大的缺点之一就是完全缺乏想象力。他们杀害无数男男女女可能是因为他们"对此毫不在意"（维津采伊），因为人们"实事求是、缺乏想象力"（克斯特勒）。忽视想象力会对我们的社会造成灾难性的后果。

② 请参阅雅克·莱科姆鼓舞人心的著作《人性的善良》（La bonté humaine），以及让-马克·鲁维埃的优秀散文《惊讶之人》（L'homme surpris）。

觉到"无私的向善的倾向"（亚历克西斯·德·托克维尔 Alexis de Tocqueville），道德倾向的间歇性实现仍然足以让这种希望继续存在，同时帮助我们清楚地看到是什么让生命变得有价值。